高职机电类精品教材

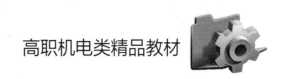

自动线
安装与调试

主编　程　阔

参编　马传奇　秦少华

U0293444

中国科学技术大学出版社

内 容 简 介

本书分为两篇,包括项目基础和项目实践,主要介绍自动生产线所需的相关理论知识,以及气动控制技术、传感器应用技术、变频器技术在自动生产线中的应用等,以 YL-335B 为载体,按照自动生产线的工作过程及各工作单元工作的情况,设计了 6 个实践项目。本书结构紧凑、图文并茂、讲述连贯,配套资源丰富,具有极强的可读性、实用性和先进性。

本书可作为高等职业院校、技师学院、中等职业学校、社会培训机构机电一体化、电气自动化、仪表自动化、数控技术等专业的教材,也可供广大工程技术人员参考。

图书在版编目(CIP)数据

自动线安装与调试/程阔主编. —合肥:中国科学技术大学出版社,2015.3(2024.1 重印)
ISBN 978-7-312-03652-1

Ⅰ. 自… Ⅱ. 程… Ⅲ. ①自动生产线—安装—高等学校—教材 ②自动生产线—调试方法—高等学校—教材 Ⅳ. TP278

中国版本图书馆 CIP 数据核字(2015)第 044445 号

自动线安装与调试
ZIDONGXIAN ANZHUANG YU TIAOSHI

出版	中国科学技术大学出版社
	安徽省合肥市金寨路 96 号,230026
	http://press.ustc.edu.cn
	https://zgkxjsdxcbs.tmall.com
印刷	安徽省瑞隆印务有限公司
发行	中国科学技术大学出版社
开本	787 mm×1092 mm　1/16
印张	15.25
字数	384 千
版次	2015 年 3 月第 1 版
印次	2024 年 2 月第 2 次印刷
定价	40.00 元

前　言

　　现代化自动生产线的最大特点在于它的综合性和系统性。表现在两个方面：其一，系统包括机械技术、微电子技术、电工电子技术、传感测试技术、接口技术、信息变换技术、网络通信技术等，并有机地结合，综合系统地应用到生产设备中；其二，系统工作过程中，生产线的传感检测、传输与处理、控制、执行与驱动等机构在微处理单元的控制下有机地融合在一起，协调有序地工作。

　　大多数生产线都是用可编程控制器(PLC)作为控制核心。在现代化的自动生产设备中，PLC担负着微处理单元——生产线的"大脑"的角色。这主要是因为PLC具有高抗干扰能力、高可靠性、高性能价格比，且编程简单、维护方便，因而被广泛应用。

　　目前职业教育的发展，已从规模发展转向以提高质量为重点的内涵建设，以增强职业教育的吸引力，推动经济发展、促进就业、改善民生，更好地为社会发展、经济进步服务。在国家中等职业教育改革发展示范学校建设计划中，教育部对职业教育提出了新的要求，即教学过程要着力改革四个模式(办学模式、培养模式、教学模式和评价模式)，积极创新六个关键环节(创新教学环境、创新专业设置、创新教材应用、创新教学方式、创新师资队伍建设、创新管理制度)，实现五个对接(学校与企业对接、专业设置与职业岗位对接、专业课程内容与职业标准对接、教材内容与岗位技术标准对接、职业教育与终身学习对接)，作为今后一个阶段教育教学改革创新的目标。我国职业教育迎来课程改革的新浪潮，但是课程体系的改革和与之相配套的教材却非常缺乏，特别是机电一体化技术应用课程配套的教材相当少。为了更好地满足中高等职业教育教学改革的需要，我们编写了以专业能力和综合能力为核心的工学结合一体化教材。

　　亚龙YL-335B型自动生产线实训考核装备在铝合金导轨式实训台上安装供料、加工、装配、分拣、输送等工作单元，构成一个典型的自动生产线的机械平台，系统的各机构采用了气动驱动、变频器驱动和步进(伺服)电机位置控制等技术。利用YL-335B可以模拟一个与实际生产工况十分接近的控制过程，使学习者得到一个非常接近于实际生产的教学设备环境，从而缩短了理论教学与实际应用之间的距离,大大提高了实训效果。

　　本书由阜阳职业技术学院程阔编写,阜阳职业技术学院马传奇和安徽开乐专用车辆股份有限公司秦少华参编。编写过程中参照了亚龙科技集团有限公司提供的 YL-335B 指导手册,并听取了相关同行专家的建议,在此一并表示感谢。

　　由于编者的经验与水平有限,加上编写时间仓促,书中难免会有一些不足和错误,敬请广大读者批评指正。编者信箱:cheng_kuo@163.com。

编　者

目　　录

第 2 篇 项目实践

第1篇

项目基础

单元 1　自动化生产线基本知识

1.1　自动化生产线的定义

生产线(Production Line)是产品生产过程所经过的路线,即从原料进入生产现场开始,经过加工、运送、装配、检验等一系列生产活动所构成的路线。狭义的生产线是按对象原则组织起来的,完成产品工艺过程的一种生产组织形式,即按产品专业化原则,配备生产某种产品(零部件)所需要的各种设备和各工种的工人,负责完成某种产品(零部件)的全部制造工作,对相同的劳动对象进行不同工艺的加工。

生产线的种类,按范围大小分为产品生产线和零部件生产线,按节奏快慢分为流水生产线和非流水生产线,按自动化程度分为自动化生产线和非自动化生产线。

生产线的主要产品或多数产品的工艺路线和工序劳动量比例,决定了一条生产线上拥有为完成某几种产品的加工任务所必需的机器设备、机器设备的排列和工作地的布置等。生产线具有较大的灵活性,能适应多品种生产的需要;在不能采用流水生产的条件下,组织生产线是一种比较先进的生产组织形式;在产品品种规格较为复杂、零部件数目较多、每种产品产量不多、机器设备不足的企业里,采用生产线能取得良好的经济效益。

自动化生产线(Automatic Production Line)是在流水线的基础上逐渐发展起来的。它不仅要求线体上各种机械加工装置能自动地完成预定的各道工序及工艺过程,使产品成为合格品,而且要求在装卸工件、定位夹紧、工件在工序间的输送、切削物(加工废料)的排除甚至包装等方面都能自动地完成。为了达到这一要求,人们通过自动输送及其他一些辅助装置按工序顺序将各种机械加工装置连成一体,并通过液压系统、气压系统和电气控制系统将各个部分的动作联系起来,使其按照规定的程序自动地进行工作。我们把这种自动工作的机械装置系统称为自动化生产线。

1.2　YL-335B 自动化生产线的组成

亚龙 YL-335B 自动化生产线实训考核装备,由安装在铝合金导轨式实训台上的供料单元、加工单元、装配单元、分拣单元和输送单元 5 个部分组成。其外观如图 1.1.1 所示。

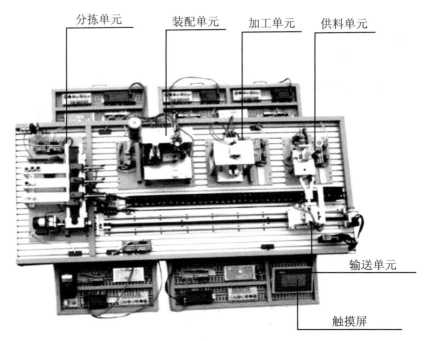

图 1.1.1　YL-335B 俯视图

各个单元的基本功能如下：

1．供料单元

按照需要将放置在料仓中待加工的工件自动送出到物料台上，以便输送单元的抓取机械手装置将工件抓取送往其他工作单元。

2．加工单元

把该单元物料台上的工件（工件由输送单元的抓取机械手装置送来）送到冲压机构下面，完成一次冲压加工动作，然后再送回到物料台上，等待输送单元的抓取机械手装置取出。

3．装配单元

将该单元料仓内的黑色或白色小圆柱工件嵌入到已加工的工件中的装配过程。

4．分拣单元

对上一单元送来的已加工、装配的工件进行分拣，使不同颜色及不同材质属性的工件从不同的料槽分流。

5．输送单元

该单元对指定单元的物料台进行精确定位，在该物料台上抓取工件，把抓取到的工件输送到指定地点然后再放下。

YL-335B 设备是一套半开放式的设备，用户在一定程度上可根据自己的需要选择设备组成单元的数量、类型，最多可由 5 个单元组成，最少时 1 个单元即可自成 1 个独立的控制系统。当由多个单元组成系统时，PLC 网络的控制方案可以体现出自动生产线的控制特点。

设备的各个工作单元均安放在实训台上，便于各个机械机构及气动部件的拆卸和安装、控制线路的布线、气动电磁阀及气管安装。其中，输送单元采用了最为灵活的拆装式模块结构——组成该单元的按钮/指示灯模块、电源模块、PLC 模块、步进电机驱动器模块等均放置在抽屉式模块放置架上;模块之间、模块与实训台上接线端子排之间的连接方式均采用安全导线连接,最大限度地满足了综合性实训的要求。

总的来说,YL-335B综合应用了多种技术知识,如气动控制技术、机械技术(机械传动、机械连接等)、传感器应用技术、PLC控制及组网、步进电机位置控制和变频器技术等。利用该系统,可以模拟一个与实际生产情况十分接近的控制过程,使学习者得到一个非常接近于实际的教学设备环境,从而缩短了理论教学与实际应用之间的距离。

单元 2　应用于生产线的传感器技术

传感器是一种能感受规定的被测量件信号并按照一定的规律转换成可用信号的器件或装置,通常由敏感元件和转换元件组成。YL-335B 各工作单元就是使用传感器进行信号检测的,其中使用最多的是非接触式传感器,也称为接近开关,它能在一定的距离范围内对物体进行检测,并发出动作信号。

接近传感器有多种检测方式,包括利用电磁感应引起检测对象的金属体中产生涡电流的方式、捕捉检测体的接近引起电气信号的容量变化的方式、利用磁石和引导开关的方式、利用光电效应和光电转换器件作为检测元件等。YL-335B 中使用了磁感应式接近开关(或称磁性开关)、电感式接近开关、光电传感器和光纤传感器等。

另外还有对位置、转速等进行检测的数字位置传感器,目前使用较多的是光电编码器和光栅等。其中 YL-335B 使用的是数字式光电编码器。

以下将对上述 YL-335B 所用传感器进行说明。

2.1　磁　性　开　关

磁性开关主要是用来检测气缸活塞位置的,即检测活塞的运动行程,从而判断气缸是伸出还是缩回。YL-335B 所使用的气缸都是带磁性开关的。这些气缸的缸筒采用导磁性弱、隔磁性强的材料,如硬铝、不锈钢等。在非磁性体的活塞上安装一个永久磁铁制成的磁环,这样就提供了一个反映气缸活塞位置的磁场。

有触点式的磁性开关用舌簧开关作磁场检测元件。舌簧开关成型于合成树脂块内,一般将动作指示灯、过电压保护电路也塑封在内。工作原理如图 1.2.1 所示。当气缸中随活塞移动的磁环靠近开关时,舌簧开关的两根簧片被磁化而相互吸引,触点闭合;当磁环离开开关后,簧片失磁,触点断开。在 PLC 的自动控制中,可以利用触点闭合或断开时发出的电控信号判断推料及顶料缸的运动状态或所处的位置,以确定工件是否被推出或气缸是否返回。

磁性开关上设置的 LED 用于显示其信号状态,供调试时使用。磁性开关动作时,输出信号"1",LED 亮;磁性开关不动作时,输出信号"0",LED 不亮。其外形及内部结构如图1.2.2所示。磁性开关安装位置的调整方法是松开它的紧定螺栓,让磁性开关顺着气缸滑动,到达指定位置后,再旋紧紧定螺栓。

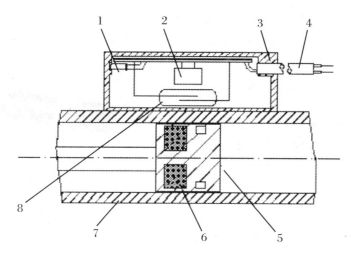

1—动作指示灯;2—保护电路;3—开关外壳;4—导线;5—活塞;6—磁环(永久磁铁);

7—缸筒;8—舌簧开关

图 1.2.1 带磁性开关气缸的工作原理图

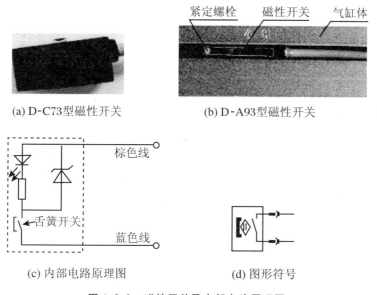

(a) D-C73型磁性开关   (b) D-A93型磁性开关

(c) 内部电路原理图   (d) 图形符号

图 1.2.2 磁性开关及内部电路原理图

2.2 电感式接近开关

电感式接近开关是利用电涡流效应制造的传感器。电涡流效应是指金属物体处于一个交变的磁场中时,在金属内部会产生交变的电涡流,该涡流又会反作用于产生它的磁场的一种物理效应。如果这个交变的磁场是由一个电感线圈产生的,则这个电感线圈中的电流就会发生变化,用于平衡涡流产生的磁场。利用电涡流效应制造的传感器,当被测金属物体接近电感线圈时将产生涡流效应,引起振荡器振幅或频率的变化,由传感器的信号调理电路(包括检波、放大、整形、输出等电路)将该变化转换成开关量输出,从而达到检测的目的。其工作原理如图1.2.3所示。

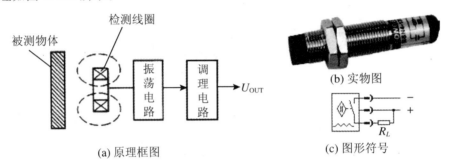

图 1.2.3　电感式传感器原理及符号

2.3　光电传感器和光纤传感器

2.3.1　光电传感器

光电传感器是利用光的各种性质,检测物体的有无和表面状态的变化等的传感器。其中输出形式为开关量的传感器称为光电式接近开关。

原理如图1.2.4所示,漫射式光电接近开关是利用光照射到被测物体上后反射回来的光线而工作的,由于物体反射的光线为漫射光,故称为漫射式光电接近开关。它的光发射器与光接收器处于同一侧位置,且为一体化结构。在工作时,光发射器始终发射检测光,若接近开关前方一定距离内没有物体,则没有光被反射到接收器,接近开关处于常态而不动作;反之若接近开关的前方一定距离内出现物体,只要反射回来的光强度足够,接收器接收到的漫射光就会使接近开关动作而改变输出的状态。

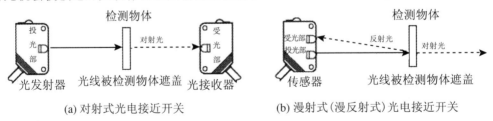

(a) 对射式光电接近开关　　　　　(b) 漫射式(漫反射式)光电接近开关

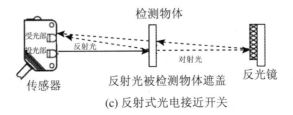

(c) 反射式光电接近开关

图 1.2.4　光电式接近开关

欧姆龙(OMRON)公司的 CX-441(E3Z-L61)型放大器内置型光电开关(细小光束型, NPN 型晶体管集电极开路输出),是一种用来检测工件不足或工件有无的漫射式光电接近开关,如图 1.2.5 所示。动作转换开关的功能是选择受光动作(Light)或遮光动作(Drag)模式,即当此开关按顺时针方向充分旋转时(L 侧),进入检测-ON 模式;当此开关按逆时针方向充分旋转时(D 侧),进入检测-OFF 模式。距离设定旋钮是 5 回转调节器,调整距离时注意逐步轻微旋转,若充分旋转,距离调节器将会空转。

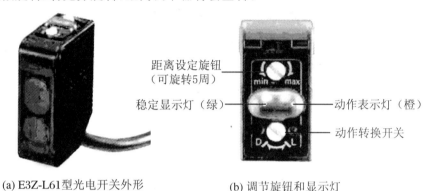

(a) E3Z-L61型光电开关外形　　　(b) 调节旋钮和显示灯

图 1.2.5　E3Z-L61 型光电开关的外形和调节旋钮、显示灯

调整的方法是:首先按逆时针方向将距离调节器充分旋到最小检测距离(E3Z-L61 约 20 mm),然后根据要求距离放置检测物体,按顺时针方向逐步旋转距离调节器,找到传感器进入检测条件的点;拉开检测物体距离,按顺时针方向进一步旋转距离调节器,找到传感器再次进入检测状态的点,一旦进入,向后旋转距离调节器直到传感器回到非检测状态的点。两点之间的中点为稳定检测物体的最佳位置。该光电开关的电路原理如图 1.2.6 所示。

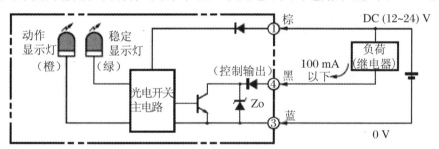

图 1.2.6　E3Z-L61 型光电开关电路原理图

用来检测物料台上有无物料的光电开关是一个圆柱形漫射式光电接近开关,工作时向上发出光线,从而透过小孔检测是否有工件存在,该光电开关选用德国西克(SICK)公司 MHT15-N2317 型产品,其外形如图 1.2.7 所示。

图 1.2.7　MHT15-N2317 型

部分接近开关的图形符号如图 1.2.8 所示。图中(a)、(b)、(c)三种情况均使用 NPN 型三极管集电极开路输出。如果是使用 PNP 型的,正负极性应反过来。

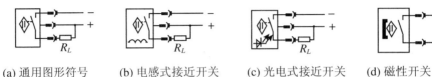

(a) 通用图形符号　　(b) 电感式接近开关　　(c) 光电式接近开关　　(d) 磁性开关

图 1.2.8　接近开关的图形符号

2.3.2　光纤传感器

光纤传感器由光纤检测头和光纤放大器两部分组成,光纤检测头和光纤放大器是分离的两个部分,光纤检测头的尾端部分分成两条光纤,使用时分别插入放大器的两个光纤孔。光纤传感器组件及放大器的安装如图 1.2.9 所示。

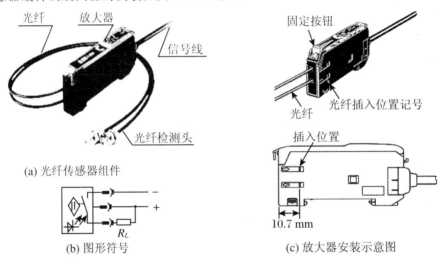

(a) 光纤传感器组件

(b) 图形符号

(c) 放大器安装示意图

图 1.2.9　光纤传感器

光纤传感器也是光电传感器的一种。光纤传感器具有如下优点:抗电磁干扰、可工作于恶劣环境、传输距离远、使用寿命长,此外,由于光纤检测头具有较小的体积,可以安装在空间很小的地方。

光纤式光电接近开关的放大器的灵敏度调节范围较大。当光纤传感器灵敏度调得较小时,反射性较差的黑色物体,光电探测器无法接收到反射信号;而反射性较好的白色物体,光电探测器就可以接收到反射信号。反之,若调高光纤传感器灵敏度,则即使对反射性较差的黑色物体,光电探测器也可以接收到反射信号。

图 1.2.10 为光纤传感器的放大器单元的俯视图,调节其中部的 8 旋转灵敏度高速旋钮就能进行放大器灵敏度调节(顺时针旋转灵敏度增大)。调节时,会看到“入光量显示灯”发光的变化。当探测器检测到物料时,“动作显示灯”会亮,提示检测到物料。

3Z-NA11 型光纤传感器电路框图如图 1.2.11 所示,接线时请注意根据导线颜色判断电源极性和信号输出线,切勿把信号输出线直接连接到电源 +24 V 端。

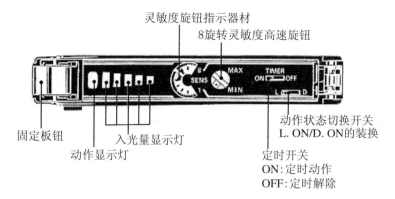

图 1.2.10 光纤传感器放大器单元的俯视图

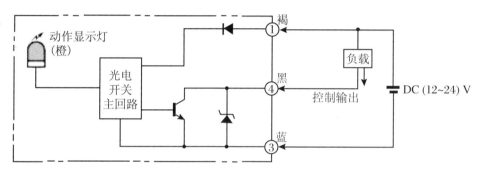

图 1.2.11 光纤传感器电路框图

2.4 旋转编码器

编码器以其高精度、高分辨率和高可靠性被广泛用于各种位移测量。编码器按结构形式分为直线式编码器和旋转式编码器。由于旋转编码器是用于角位移测量的最有效和最直接的数字式传感器,并已有各种系列产品可供选用,故本节着重讨论旋转式编码器。

旋转式编码器有两种——增量式旋转编码器和绝对型旋转编码器。增量式旋转编码器的输出是一系列脉冲,需要一个计数系统对脉冲进行累计计数。一般还需有一个基准数据即零位基准才能完成角位移的测量。严格地说,绝对型旋转编码器才是真正的直接数字式传感器,它不需要基准数据,更不需要计数系统。它在任意位置都可给出与位置相对应的固定数字码输出。

目前应用最广的是利用光电转换原理构成的非接触式光电编码器。由于其精度高、可靠性好、性能稳定、体积小和使用方便,因而在自动测量和自动控制技术中得到了广泛的应用。国内已有 16 位绝对编码器和每转>10000 脉冲数输出的小型增量编码器产品,并形成各种系列。

增量式旋转编码器:输出“电脉冲”表征位置和角度信息。一圈内的脉冲数代表了分辨率。位置的确定则是依靠累加相对某一参考位置的输出脉冲数得到的。当初始上电时,需要找一个相对零位来确定绝对的位置信息。绝对型旋转编码器:通过输出唯一的数字码来表征绝对位置、角度或转数信息。

此唯一的数字码被分配给每一个确定角度。一圈内这些数字码的个数代表了单圈的分辨率。因为绝对的位置是用唯一的码来表示的,所以无须初始参考点。增量式旋转编码器有单圈绝对型和多圈绝对型两种。增量式旋转编码器在自动线上应用十分广泛。其结构是由光栅盘和光电检测装置组成。光栅盘是在一定直径的圆板上等分地开通若干个长方形狭缝。由于光电码盘与电动机同轴,电动机旋转时,光栅盘与电动机同速旋转,经发光二极管等电子元件组成的检测装置检测输出若干脉冲信号,其原理如图 1.2.12 所示;通过计算每秒旋转编码器输出脉冲的个数就能反映当前电动机的转速。

图 1.2.12　旋转编码器原理示意图

为了提供旋转方向的信息,增量式旋转编码器通常利用光电转换原理输出三组方波脉冲 A、B 和 Z 相;A、B 两组脉冲相位差 90°。当 A 相脉冲超前 B 相时为正转方向,而当 B 相脉冲超前 A 相时则为反转方向。Z 相为每转一个脉冲,用于基准点定位。如图 1.2.13 所示,其中通过 A、B 相的比较可以判断旋转方向,Z 相每转一个脉冲,用于基准点定位。

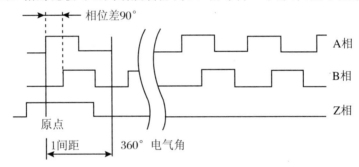

图 1.2.13　旋转编码器输出的三组方波脉冲

单元 3 应用于生产线的气动技术

自动化生产线中,多数动作是通过气动实现的,气压传动系统担负着压缩空气的传送与执行。构建一个完整的执行系统,离不开气动三大元件,其一,气源处理组件;其二,气动控制元件;其三,气动执行元件。下面将从这三个角度分别对 YL-335B 自动化生产线的气动进行说明。

3.1 气源处理组件

1. 气源处理的必要性

压缩空气来源于空气压缩机,含有大量的水分、油和粉尘等污染物,因此空气质量不良容易导致气动系统出现故障,会使气动系统的可靠性和使用寿命大大降低,由此造成的损失会大大超过气源处理装置的成本和维护费用。

压缩空气中,绝对不许含有化学药品、有机溶剂的合成油、盐分和腐蚀性气体等。

气源处理包括如下内容:

(1) 空气过滤。

主要目的是滤除压缩空气中的水分、油滴以及杂质,以达到启动系统所需要的净化程度,它属于二次过滤。

(2) 压力调节。

主要是调节或控制气压的变化,并保持降压后的压力值固定在需要的值上,确保系统因气源气压突变时压力稳定性的减小对阀门或执行器等硬件的损伤。

(3) 油雾器。

油雾器是气压系统中一种特殊的注油装置,其作用是把润滑油雾化后,经压缩空气携带进入系统各润滑油部位,满足润滑的需要。

2. 气动三联件

为了得到多种功能,将空气过滤器、减压阀和油雾器等元件进行不同的组合,就构成了气动组合元件。各元件之间采用模块式组合的方式连接。如图 1.3.1 所示。

有些品牌的电磁阀和气缸能够实现无油润滑(靠润滑脂实现润滑功能),便不需要使用油雾器。这时只需要把空气过滤器和减压阀组合在一起,因此称为气动二联件。

3. YL-335B 的气源处理组件

使用空气过滤器和减压阀集装在一起的气动二联件结构,组件及其回路原理分别如图 1.3.2(a)和(b)所示。

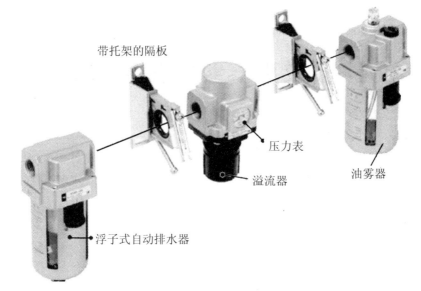

带托架的隔板

压力表

溢流器

油雾器

浮子式自动排水器

图 1.3.1 气动三联件

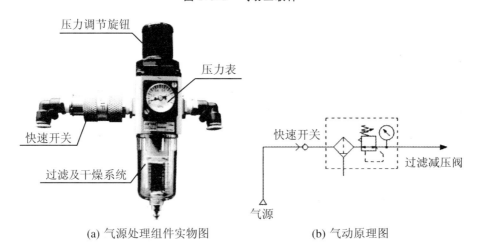

压力调节旋钮

压力表

快速开关

过滤及干燥系统

快速开关

气源

过滤减压阀

(a) 气源处理组件实物图　　　　　(b) 气动原理图

图 1.3.2 YL-335B 的气源处理组件

3.2 气动控制元件

　　在气压传动系统中的控制元件是控制和调节压缩空气的压力、流量、流动方向和发送信号的重要元件,利用它们可以组成各种气动控制回路,使气动执行元件按设计的程序正常地进行工作。控制元件按功能和用途可分为流量控制阀、方向控制阀和压力控制阀三大类。此外,尚有通过改变气流方向和通断实现各种逻辑功能的气动逻辑元件。

1. 流量控制阀

　　控制压缩空气流量的阀称为流量控制阀。在气动系统中,对气缸运动速度的控制、信号延时时间、油雾器的滴油量、气缓冲气缸的缓冲能力等,都是靠流量控制阀来实现的。

　　YL-335B 上使用的流量控制阀是单向节流阀,它由单向阀和节流阀并联而成,用于控制气缸的运动速度,故常称为速度控制阀。单向阀的功能是靠单向型密封圈来实现的,如图 1.3.3 所示。

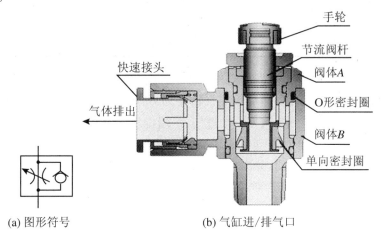

(a) 图形符号　　　　　　　　(b) 气缸进/排气口

图 1.3.3　排气节流方式的单向节流阀剖面图

　　若安装了带快速接头的限出型气缸节流阀的执行气缸,其外观如图 1.3.4 所示。

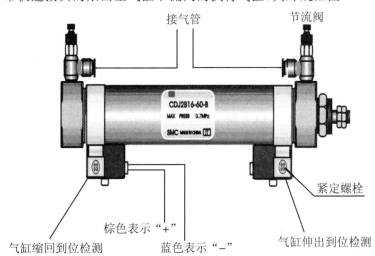

图 1.3.4　安装上节流阀的气缸

2.方向控制阀

　　气动方向控制阀是气压传动系统中通过改变压缩空气的流动方向和气流的通断,来控制执行元件启动、停止及运动方向的气动元件。根据方向控制阀的阀内气流的方向、结构形式、密封形式、功能、控制方式等,可将方向控制阀分为以下几类。见表 1.3.1。

表 1.3.1　方向控制阀的分类

分　类　方　式	形　　式
按阀内气体的流动方向	单向阀、换向阀
按阀芯的结构形式	截止阀、滑阀

分 类 方 式	形　　式
按阀的密封形式	硬质密封、软质密封
按阀的工作位数及通路数	二位三通、二位五通、三位五通等
按阀的控制操纵方式	气压控制、电磁控制、机械控制、手动控制

下面仅介绍自动化生产线常用的方向控制阀——电磁换向阀。

电磁换向阀属于方向控制阀,即能改变气体流动方向或通断的控制阀。如向气缸一端进气,并从另一端排气,再反过来,从另一端进气,一端排气,这种流动方向的改变,便要使用方向控制阀。电磁换向阀则是利用其电磁线圈通电时,静铁芯对动铁芯产生电磁吸力使阀芯切换,达到改变气流方向的目的,分为单电控和双电控电磁换向阀。

单电控电磁换向阀在无电控信号时,阀芯在弹簧力的作用下会被复位。如图 1.3.5 所示。

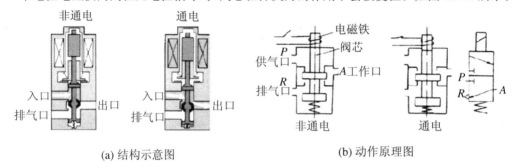

(a) 结构示意图　　　　　　　　　　　(b) 动作原理图

图 1.3.5　单电控电磁换向阀的工作原理

所谓"位"指的是为了改变气体方向,阀芯相对于阀体所具有的不同的工作位置。"通"则指换向阀与系统相连的通口,有几个通口即为几通。若只有两个工作位置,具有供气口 P、工作口 A 和排气口 R,则为二位三通阀。

双电控电磁阀,在两端都无电控信号时,阀芯的位置取决于前一个电控信号。如图 1.3.6 所示。

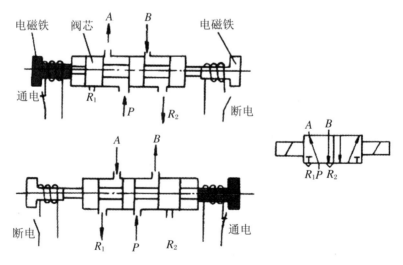

图 1.3.6　双电控电磁换向阀的工作原理

按"位"和"通"的概念,电磁换向阀的图形符号一般简化,如图1.3.7所示。

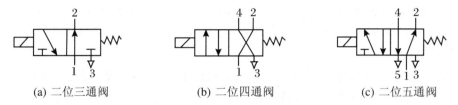

| (a) 二位三通阀 | (b) 二位四通阀 | (c) 二位五通阀 |

图 1.3.7 部分单电控电磁换向阀的图形符号

YL-335B所有工作单元的执行气缸都是双作用气缸,控制它们工作的电磁阀需要有两个工作口和两个排气口以及一个供气口,故使用的电磁阀均为二位五通电磁阀。

3．压力控制阀

所有的气动回路或贮气罐为了安全起见,当压力超过允许压力值时,需要实现自动向外排气,这种压力控制阀叫作安全阀(溢流阀)。

4．电磁阀的安装和调整

YL-335B各工作单元的电磁阀均集中安装在汇流板上。汇流板中两个排气口末端均连接了消声器,消声器的作用是减少压缩空气在向大气排放时的噪声。这种将多个阀与消声器、汇流板等集中在一起构成的一组控制阀的集成称为阀组,而每个阀的功能是彼此独立的。阀组的结构如图1.3.8所示。

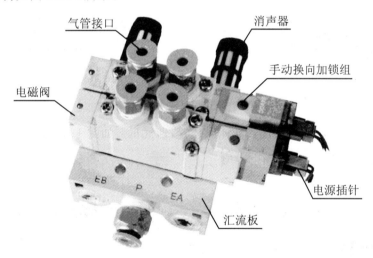

图 1.3.8 电磁阀组

3.3 气动执行元件

气动系统中,将压缩空气的能量转变为机械能,实现直线、摆动或转动运动的传动装置称为气动执行元件。气动执行元件包括产生直线往复运动的气缸、在一定角度范围内摆动的摆动马达以及产生连续转动的气动马达三大类。

气动执行元件的特点如下:

(1) 与液压执行元件相比,气动执行元件的运动速度快,工作压力低,适用于低输出力的场合。能正常工作的环境温度范围大,一般可在 $-35\sim+80$ ℃(有的甚至可达 $+200$ ℃)的环境下正常工作。

(2) 相对机械传动来说,气动执行元件的结构简单,制造成本低,维修方便,便于调节其输出力和速度的大小。另外,气动执行元件的安装方式、运动方向和执行元件的数目,又可根据机械装置的要求由设计者自由地选择。特别是制造技术的发展,气动执行元件已向模块化、标准化发展。借助于计算机数据传输技术发展起来的气动阀岛,使气动系统的接线大大简化。这就为简化整个机械的结构设计和控制提供了有利条件。目前已有精密气动滑台、气动手指等功能部件构成的标准气动机械手产品出售。

(3) 由于气体的可压缩性,使气动执行元件在速度控制、抗负载影响等方面的性能劣于液压执行元件。当需要较精确地控制运动速度,减少负载变化对运动的影响时,常需要借助气动—液压联合装置等来实现。

在气缸运动的两个方向上,按受气压控制的方向个数的不同,分为单作用气缸和双作用气缸。只有一个方向受气压控制而另一个方向依靠复位弹簧实现复位的气缸称为单作用气缸。两个方向都受气压控制的气缸称为双作用气缸。如图 1.3.9 所示。

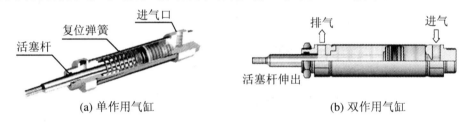

(a) 单作用气缸　　　　　　　　　　　　(b) 双作用气缸

图 1.3.9　单作用气缸和双作用气缸

通过气缸与机械构件,可实现气动抓取装置,即气爪。如图 1.3.10 所示。

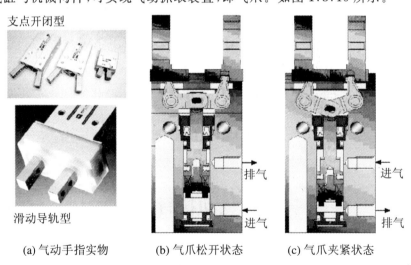

(a)气动手指实物　　　(b)气爪松开状态　　　(c)气爪夹紧状态

图 1.3.10　气动手指实物和工作原理

利用压缩空气驱动输出轴在一定角度范围内做往复回转运动的气动执行元件,用于物体的转位、翻转、分类、夹紧、阀门的开闭以及机器人的手臂动作等。如图 1.3.11 所示。

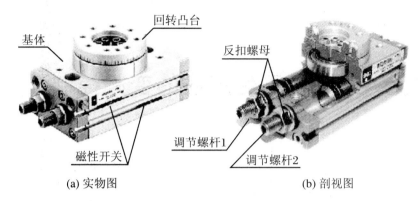

(a) 实物图　　　　　　　　　　　　　　　　(b) 剖视图

图 1.3.11　装配单元使用的摆动气缸

　　具有导向功能的气缸,一般为标准气缸和导向装置的集合体。导向气缸具有导向精度高、抗扭转力矩、承载能力强、工作平稳等特点。

　　装配单元使用驱动装配机械手水平方向移动的导杆气缸,外形如图 1.3.12 所示。导向气缸由直线运动气缸带双导杆和其他附件组成。

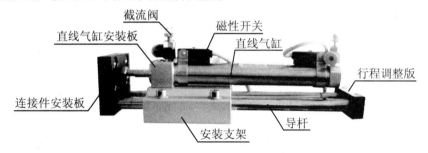

图 1.3.12　装配单元使用的导杆气缸

　　薄型气缸属于省空间气缸类,即气缸的轴向或径向尺寸比标准气缸有较大减小的气缸。具有结构紧凑、重量轻、占用空间小等优点。图 1.3.13 是薄型气缸的一些实例图。

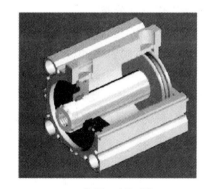

(a) 薄型气缸实例　　　　　　　　(b) 工作原理剖视图

图 1.3.13　薄型气缸的实例图

　　薄型气缸的特点是:缸筒与无杆侧端盖压铸成一体,杆盖用弹性挡圈固定,缸体为方形。这种气缸通常用于固定夹具和搬运中固定工件等。

单元 4　应用于生产线的变频控制技术

通常把电压和频率固定不变的交流电变换为电压或频率可变的交流电的装置称作变频器。为了产生可变的电压和频率，该设备首先要把电源的交流电变换为直流电（DC），其科学术语为 Rectifier（整流器）。把直流电（DC）换为交流电（AC）的装置，其科学术语为 inverter（逆变器）。

由于变频器设备中产生变化的电压或频率的主要装置叫作 inverter，故该产品本身就被命名为 inverter，即变频器。变频器也可用于家电等领域。用于电机控制的变频器，既可以改变电压，又可以改变频率。VVVF 为 Variable Voltage and Variable Frequency（改变电压、改变频率）的缩写。

4.1　变频器的分类

1. 按变换的环节分类

交—直—交变频器先把工频交流通过整流器变成直流，然后再把直流变换成频率电压可调的交流，又称间接式变频器，是目前广泛应用的通用型变频器。交—交变频器，即将工频交流直接变换成频率电压可调的交流，又称直接式变频器。

2. 按主电路工作方法分类

可分为电压型变频器、电流型变频器。电压型变频器常选用于负载电压变化较大的场合；电流型变频器则能扼制负载电流频繁而急剧的变化，常选用于负载电流变化较大的场合。

3. 按照工作原理分类

可分为 V/f 控制变频器、转差频率控制变频器和矢量控制变频器等。

4. 按照用途分类

可分为通用变频器、高性能专用变频器、高频变频器、单相变频和三相变频器等。此外，变频器还可以按输出电压调节方式、控制方式、主开关元器件以及输入电压高低分类。

5. 按电压等级分类

可分为高压变频器、中压变频器、低压变频器。

4.2 交流调速系统控制方式

对于交流调速系统有公式：

$$P = T \times \frac{n}{9550}$$

式中，P 为功率；T 为转矩；n 为转速。

调速要区分以下3种状态。

1. 变转矩负载

例如：风机、水泵。在各种风机、水泵、油泵中，随叶轮的转动，空气或液体在一定的速度范围内所产生的阻力（转矩）大致与转速 n 的2次方成正比。随着转速的减小，压力（转矩）按转速的2次方减小。这种负载所需的功率与转速的3次方成正比。利用调速调节风量、流量可以大幅度地节约电能。由于高速时所需的功率随转速增长过快，与速度的3次方成正比，所以通常不应使风机、泵类负载超工频运行。

2. 恒转矩负载

转矩 T 与转速 n 无关，任何转速下 T 总保持恒定或基本恒定。例如传送带、搅拌机、挤压机等摩擦类负载以及吊车、提升机等位能负载都属于恒转矩负载。由公式可知电机的输出功率和转速成正比，即 $T = 9550P/n =$ 常数。

3. 恒功率负载

机床主轴和轧机、造纸机、塑料薄膜生产线中的卷取机、开卷机等要求的转矩，大体与转速成反比，这就是所谓的恒功率负载。即 $P = T \times n/9550 =$ 常数。负载的恒功率性质应该是就一定的速度变化范围而言的。当速度很低时，受机械强度的限制，T 不可能无限增大，在低速下转变为恒转矩性质。

负载的恒功率区和恒转矩区对传动方案的选择有很大的影响。电动机在恒磁调速时，最大容许输出转矩不变，属于恒转矩调速；而在弱磁调速时，最大容许输出转矩与速度成反比，属于恒功率调速。如果电动机的恒转矩和恒功率调速的范围与负载的恒转矩和恒功率范围相一致时，即所谓"匹配"的情况下，电动机的容量和变频器的容量均最小。

4.3 MM420 变频器的使用

西门子公司 MICROMASTER420（即 MM420）是用于控制三相交流电动机速度的变频器系列。本系列有多种型号，从额定功率 120 W 的单相电源电压，到额定功率 11 kW 的三相电源电压，供用户选用。本变频器由微处理器控制，并采用具有现代先进技术水平的绝缘栅双极型晶体管（IGBT）作为功率输出器件。因此，它们具有很高的运行可靠性和功能的多样性。其脉冲宽度调制的开关频率是可选的，因而降低了电动机运行的噪声。全面而完善的保护功能为变频器和电动机提供了良好的保护。

YL-335B 自动化生产线使用变频器参数如下：

（1）电源电压：350～480 V，三相交流。

（2）额定输出功率：0.75 kW。

（3）额定输入电流：2.4 A。

（4）额定输出电流：2.1 A。

（5）外形尺寸：A 型。

（6）操作面板：基本操作面板（BOP）。

4.3.1　安装与接线

MM420 变频器电路如图 1.4.1 所示。

进行主电路接线时，变频器模块面板上的 L1、L2、L3 插孔接单相电源，接地插孔接保护地线；三个电动机插孔 U、V、W 连接到三相电动机（千万不能接错电源，否则会损坏变频器）。

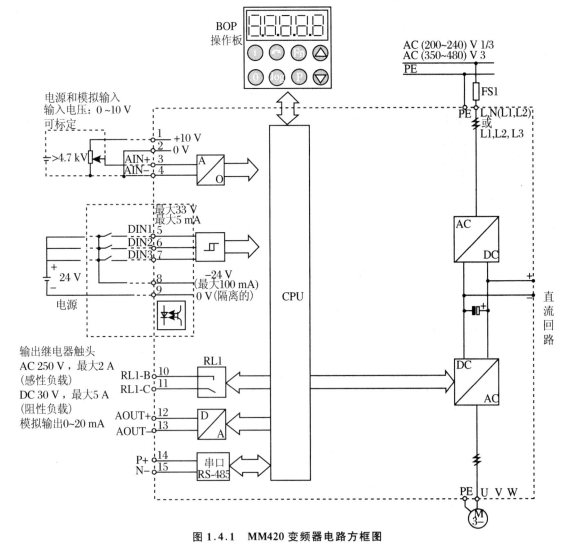

图 1.4.1　MM420 变频器电路方框图

MM420 变频器模块面板上引出了 MM420 的数字输入点：DIN1（端子 5）；DIN2（端子 6）；DIN3（端子 7）；内部电源 + 24 V（端子 8）；内部电源 0 V（端子 9）。数字输入量端子可连接到 PLC 的输出点（端子 8 接一个输出公共端，例如 2L）。当变频器命令参数 P0700 = 2（外部端子控制）时，可由 PLC 控制变频器的启动/停止以及变速运行等。

4.3.2 MM420 变频器的基本操作面板

基本操作面板（BOP）的外形如图 1.4.2 所示。利用 BOP 可以改变变频器的各个参数。BOP 具有 7 段显示的 5 位数字，可以显示参数的序号和数值、报警和故障信息，以及设定值和实际值。参数的信息不能用 BOP 存储。

图 1.4.2　基本操作面板

BOP 上的按钮及其功能如表 1.4.1 所示。

表 1.4.1　BOP 的按钮及其功能

显示/按钮	功能	功能的说明
r0000	状态显示	LCD 显示变频器当前的设定值
I	启动变频器	按此键启动变频器；缺省值运行时此键是被封锁的；为了使此键的操作有效，应设定 P0700 = 1
0	停止变频器	OFF1：按此键，变频器将按选定的斜坡下降速率减速停车，缺省值运行时此键被封锁；为了允许此键操作，应设定 P0700 = 1；OFF2：按此键两次（或一次，但时间较长）电动机将在惯性作用下自由停车；此功能总是"使能"的
↻	改变电动机的转动方向	按此键可以改变电动机的转动方向，当电动机为反向时，用负号或用闪烁的小数点表示；缺省值运行时此键是被封锁的，为了使此键的操作有效应设定 P0700 = 1

显示/按钮	功能	功能的说明
(jog图标)	电动机点动	在变频器无输出的情况下按此键,将使电动机启动,并按预设定的点动频率运行;释放此键时,变频器停车;如果变频器/电动机正在运行,按此键将不起作用
(Fn图标)	功能	此键用于浏览辅助信息: 在变频器运行过程中,显示任何一个参数时按下此键并保持 2 s 不动,将显示以下参数值(在变频器运行中从任何一个参数开始): ① 直流回路电压(用 d 表示——单位:V); ② 输出电流(A); ③ 输出频率(Hz); ④ 输出电压(用 o 表示——单位:V); ⑤ 由 P0005 选定的数值(如果 P0005 选择显示上述参数中的任何一个(3,4 或 5),这里将不再显示); 连续多次按下此键将轮流显示以上参数; 跳转功能: 在显示任何一个参数(r××××或 P××××)时短时间按下此键,将立即跳转到 r0000,如果需要的话,用户可以接着修改其他的参数;跳转到 r0000 后,按此键将返回原来的显示点
(P图标)	访问参数	按此键即可访问参数
(▲图标)	增加数值	按此键即可增加面板上显示的参数数值
(▼图标)	减少数值	按此键即可减少面板上显示的参数数值

4.3.3　MM420 变频器的参数设置

1. 参数号

参数号是指该参数的编号。参数号用 0000 到 9999 的 4 位数字表示。在参数号的前面冠以一个小写字母"r"时,表示该参数是"只读"的参数。其他所有参数号的前面都冠以一个大写字母"P"。这些参数的设定值可以直接在标题栏的"最小值"和"最大值"范围内进行修改。

"[下标]"表示该参数是一个带下标的参数,并且指定了下标的有效序号。

2．更改参数数值的例子

用 BOP 可以修改和设定系统参数，使变频器具有期望的特性，例如斜坡时间、最小和最大频率等。选择的参数号和设定的参数值在 5 位数字的 LCD 上显示。

更改参数的数值的步骤可大致归纳为：① 查找所选定的参数号；② 进入参数值访问级，修改参数值；③ 确认并存储修改好的参数值。图 1.4.3 说明如何改变参数 P0004（参数过滤器）的数值。按照图中说明的类似方法，可以用 BOP 设定常用的参数。假设参数 P0004 设定值＝0，需要把设定值改变为 3，改变设定数值的步骤如图 1.4.3 所示。

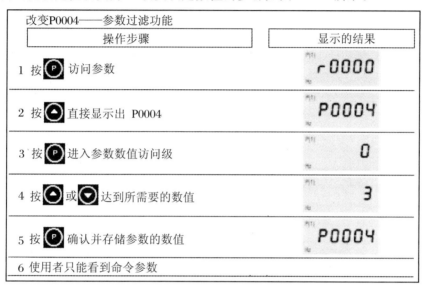

图 1.4.3　改变参数 P0004 数值的步骤

参数 P0004 的作用是根据所选定的一组功能，对参数进行过滤（或筛选），并集中对过滤出的一组参数进行访问，从而可以更方便地进行调试。P0004 可能的设定值如表 1.4.2 所示，缺省的设定值＝0。

表 1.4.2　参数 P0004 的设定值

设定值	所指定参数组意义	设定值	所指定参数组意义
0	全部参数	12	驱动装置的特征
2	变频器参数	13	电动机的控制
3	电动机参数	20	通信
7	命令，二进制 I/O	21	报警/警告/监控
8	模—数转换和数—模转换	22	工艺参量控制器（如 PID）
10	设定值通道/RFG（斜坡函数发生器）		

表 1.4.3 给出了常用到的变频器参数设置值，如果希望设置更多的参数，请参考 MM420 用户手册。

表 1.4.3　SRS-ME05 上常用参数设置值

序号	参数号	设置值	说明
1	P0010	30	
2	P0970	1	恢复出厂值
3	P0003	3	
4	P0004	7	
5	P0010	1	快速调试
6	P0304	230	电动机的额定电压
7	P0305	0.22	电动机的额定电流
8	P0307	0.11	电动机的额定功率
9	P0310	50	电动机的额定频率
10	P0311	1500	电动机的额定速度
11	P1000	3	选择频率设定值
12	P1080	0	电动机的最小频率
13	P1082	50.00	电动机的最大频率
14	P1120	2	斜坡上升时间
15	P1121	2	斜坡下降时间
16	P3900	1	结束快速调试
17	P0003	3	

3．参数设置说明

重点部分常用参数设置说明如下(更详细的参数设置说明请参考 MM420 用户手册):

(1) 参数 P0003 用于定义用户访问参数组的等级,设置范围为 0～4,各级的含义为:

1 标准级:可以访问最经常使用的参数。

2 扩展级:允许扩展访问参数的范围,例如变频器的 I/O 功能。

3 专家级:只供专家使用。

4 维修级:只供授权的维修人员使用——具有密码保护。

该参数缺省设置为等级 1(标准级),SRS-ME05 装备中预设置为等级 3(专家级),目的是允许用户可访问 1、2 级的参数及参数范围和定义用户参数,并对复杂的功能进行编程。用户可以修改设置值,但建议不要设置为等级 4(维修级)。

(2) 参数 P0010 是调试参数过滤器,对与调试相关的参数进行过滤,只筛选出那些与特定功能组有关的参数。P0010 的可能设定值为:0(准备)、1(快速调试)、2(变频器)、29(下载)、30(工厂的缺省设定值);缺省设定值为 0。

当选择 P0010＝1 时,进行快速调试;若选择 P0010＝30,则进行把所有参数复位为工厂的缺省设定值的操作。应注意的是,在变频器投入运行之前应将本参数复位为 0。

(3) 将变频器的全部参数复位为工厂的缺省设定值的步骤如下:

按照下面的数值设定参数:① 设定 P0010 = 30;② 设定 P0970 = 1。这时便开始参数的复位。变频器将自动地把所有参数都复位为它们各自的缺省设置值。

如果用户在参数调试过程中遇到问题,并且希望重新开始调试,实践证明这种复位操作方法是非常有用的。复位为工厂缺省设置值的时间大约要 60 s。

(4) 现有的"运动控制卡"I/O 扩展板的输出端子接线中,分配 D37 给变频器的 5 号控制端子。若要求电动机转速可分级调整,则应调整变频器的 P0701 参数,而参数 P1001 则按转速要求设定固有频率值。与此同时,应编制相应的运动控制卡的输出点。

例　要求电动机能实现高、中、低三种转速的调整,高速时运行频率为 40 Hz,中速时运行频率为 25 Hz,低速时运行频率为 15 Hz。则按如下步骤调整。

调整变频器参数:

① 在 BOP 操作板上修改 P0004,使 P0004 = 7,选择命令组。

② 修改 P0701(数字输入 1 的功能),使 P0701 = 16,设定为固定频率设定值(直接选择 + ON)。

③ 再修改 P0004,使 P0004 = 10,选择设定值通道。

④ 修改 P1001(固定频率 1),使 P1001 = 15/25/40。

控制相应的运动控制卡的输出点。

单元 5　应用于生产线的伺服驱动技术

伺服系统是使物体的位置、方位、状态等输出被控量能够跟随输入目标（或给定值）任意变化的自动控制系统。伺服的主要任务是按控制命令的要求，对功率进行放大、变换与调控等处理，使驱动装置输出的力矩、速度和位置控制的非常灵活方便。

伺服电动机和伺服驱动器共同组成伺服系统才能实现控制。

5.1　交流伺服电机的基本知识

伺服电机又称执行电动机，在自动控制系统中用作执行元件，把所收到的电信号转换成电动机轴上的角位移或角速度输出。其主要特点是，当信号电压为零时无自转现象，转速随着转矩的增加而匀速下降。

伺服电机是一个典型闭环反馈系统，减速齿轮组由电机驱动，其终端（输出端）带动一个线性的比例电位器做位置检测，该电位器把转角坐标转换为一比例电压反馈给控制线路板，控制线路板将其与输入的控制脉冲信号比较，产生纠正脉冲，并驱动电机正向或反向地转动，使齿轮组的输出位置与期望值相符，令纠正脉冲趋于 0，从而达到使伺服电机精确定位的目的，可以精确至 0.001 mm。

伺服电机内部的转子是永磁铁，驱动器控制的 U/V/W 三相电形成电磁场，转子在此磁场的作用下转动，同时电机自带的编码器反馈信号给驱动器，驱动器将反馈值与目标值进行比较，调整转子转动的角度。伺服电机的精度决定于编码器的精度（线数）。

交流伺服电机在没有控制电压时，定子内只有励磁绕组产生的脉冲磁场，转子静止不动。当有控制电压时，定子内便产生一个旋转磁场，转子沿旋转磁场的方向旋转，在负载恒定的情况下，电动机的转速随控制电压的大小而变化；当控制电压的相位相反时，伺服电动机将反转。

交流伺服电机的输出功率一般是 0.1～100 W。当电源频率为 50 Hz 时，电压有 36 V、110 V、220 V、380 V 等；当电源频率为 400 Hz 时，电压有 20 V、26 V、36 V、115 V 等。

交流伺服电机运行平稳、噪声小；但控制特性是非线性的，并且由于转子电阻大、损耗大、效率低，与容量直流伺服电机相比，其体积大、质量大，所以只适用于 0.5～100 W 的小功率控制系统。

伺服系统对电机的要求如下：

（1）从最低速到最高速电机都能平稳运转，转矩波动要小，尤其在低速如 0.1 r/min 或更低速时，仍有平稳的速度而无爬行现象。

（2）电机应具有大的较长时间的过载能力，以满足低速大转矩的要求。一般直流伺服电机要求在数分钟内过载 4～6 倍而不损坏。

（3）为了满足快速响应的要求，电机应有较小的转动惯量和大的堵转转矩，并具有尽可能小的时间常数和启动电压。

（4）电机应能承受频繁启、制动和反转。

5.2   交流伺服驱动器的结构原理与控制

目前主流的伺服驱动器均采用数字信号处理器（DSP）作为控制核心，可以实现比较复杂的控制算法，以及数字化、网络化和智能化。功率器件普遍采用以智能功率模块（IPM）为核心设计的驱动电路，IPM 内部集成了驱动电路，同时具有过电压、过电流、过热、欠压等故障检测保护电路。在主回路中还加入软启动电路，以减小启动过程对驱动器的冲击。功率驱动单元首先通过三相全桥整流电路对输入的三相电或者市电进行整流，得到相应的直流电。经过整流好的三相电或市电，再通过三相正弦 PWM 电压型逆变器变频来驱动三相永磁式同步交流伺服电机。简单地说，功率驱动单元的整个过程就是 AC—DC—AC 的过程。

5.2.1   交流伺服驱动器的性能参数

1．位置比例增益

（1）设定位置环调节器的比例增益。

（2）设置值越大，增益越高，刚度越大，相同频率指令脉冲条件下，位置滞后量越小。但数值太大可能会引起振荡或超调。

（3）参数数值由具体的伺服系统型号和负载情况确定。

2．位置前馈增益

（1）设定位置环的前馈增益。

（2）设定值越大时，表示在任何频率的指令脉冲下，位置滞后量越小。

（3）位置环的前馈增益大，控制系统的高速响应特性提高，但会使系统的位置不稳定，容易产生振荡。

（4）不需要很高的响应特性时，本参数通常设为 0，表示范围 0～100%。

3．速度比例增益

（1）设定速度调节器的比例增益。

（2）设置值越大，增益越高，刚度越大。参数数值根据具体的伺服驱动系统型号和负载值情况确定。一般情况下，负载惯量越大，设定值越大。

（3）在系统不产生振荡的条件下，尽量设定较大的值。

4．速度积分时间常数

（1）设定速度调节器的积分时间常数。

（2）设置值越小，积分速度越快。参数数值根据具体的伺服驱动系统型号和负载情况确定。一般情况下,负载惯量越大,设定值越大。

(3) 在系统不产生振荡的条件下,尽量设定较小的值。

5．速度反馈滤波因子

(1) 设定速度反馈低通滤波器特性。

(2) 数值越大,截止频率越低,电机产生的噪音越小。如果负载惯量很大,可以适当减小设定值。数值太大,造成响应变慢,可能会引起振荡。

(3) 数值越小,截止频率越高,速度反馈响应越快。如果需要较高的速度响应,可以适当减小设定值。

6．最大输出转矩设置

(1) 设置伺服电机的内部转矩限制值。

(2) 设置值是额定转矩的百分比。

(3) 任何时候,这个限制都有效定位完成范围。

(4) 设定位置控制方式下定位完成脉冲范围。

(5) 本参数提供了位置控制方式下驱动器判断是否完成定位的依据,当位置偏差计数器内的剩余脉冲数小于或等于本参数设定值时,驱动器认为定位已完成,到位开关信号为ON,否则为OFF。

(6) 在位置控制方式时,输出位置定位完成信号,加减速时间常数。

(7) 设置值表示电机从 0 到 2000 r/min 的加速时间或从 2000 到 0 r/min 的减速时间。

(8) 加减速特性是线性的到达速度范围。

(9) 设置到达速度。

(10) 在非位置控制方式下,如果电机速度超过本设定值,则速度到达开关信号为 ON,否则为 OFF。

(11) 在位置控制方式下,不用此参数。

(12) 与旋转方向无关。

5.2.2 YL-335B 中的交流伺服驱动器(松下 MADDT1207003)

YL-335B 自动化生产线伺服系统使用松下 MHMD022P1U 伺服电动机与 MAD-DT1207003 伺服驱动器。

1．结构与接线

电动机的额定功率为 200 W,电压为 200 V,编码器为增量式编码器 P,脉冲数为 2500 p/r,分辨率为 10000,输出信号线数为 5 根线。MADDT1207003 伺服驱动器的含义为:MADDT 表示松下 A5 系列 A 型驱动器,T1 表示最大瞬时输出电流为 10 A,2 表示电源电压规格为单相 200 V,07 表示电流监测器额定电流为 7.5 A,003 表示脉冲控制专用。伺服驱动器的面板如图 1.5.1 所示。

X1:电源输入接口,AC 220 V 电源连接到 L1、L3 主电源端子,同时连接到控制电源端子 L1C、L2C 上。

X2:电机接口和外置再生放电电阻器接口。U、V、W 端子用于连接电机。必须注意,电源电压务必按照驱动器铭牌上的指示,电机接线端子(U、V、W)不可以接地或短路,交流伺

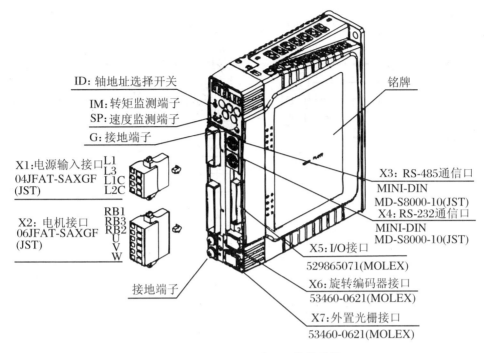

图 1.5.1　MADDT1207003 接线端子

服电机的旋转方向不像感应电动机可以通过交换三相相序来改变,必须保证驱动器上的 U、V、W 接线端子与电机主回路接线端子按规定的次序一一对应,否则可能造成驱动器的损坏。电机的接线端子和驱动器的接地端子以及滤波器的接地端子必须保证可靠地连接到同一个接地点上。机身也必须接地。RB1、RB2、RB3 端子是外接放电电阻,MADDT1207003 的规格为 100 Ω/10 W,YL-335B 没有使用外接放电电阻。

　　X6:连接到电机编码器信号接口,连接电缆应选用带有屏蔽层的双绞电缆,屏蔽层接到电机侧的接地端子上,并且确保将编码器电缆屏蔽层连接到插头的外壳(FG)上。

　　X5:I/O 控制信号端口,其部分引脚信号定义与选择的控制模式有关,不同模式下的接线请参考《松下 A 系列伺服电机手册》。在 YL-335B 的输送单元中,伺服电机用于定位控制,选用位置控制模式,所采用的是简化接线方式,如图 1.5.2 所示。

2. 参数设计与调整

　　松下的伺服驱动器有 7 种控制运行方式,即位置控制、速度控制、转矩控制、位置/速度控制、位置/转矩、速度/转矩、全闭环控制。位置方式就是输入脉冲串来使电机定位运行,电机的转速与脉冲串频率相关,电机转动的角度与脉冲个数相关。速度方式有两种:一是通过输入直流 -10～+10 V 指令电压调速,二是选用驱动器内设置的内部速度来调速。转矩方式是通过输入直流 -10～+10 V 指令电压调节电机的输出转矩,这种方式下运行必须要进行速度限制,有如下两种方法:一是设置驱动器内的参数来限制,二是输入模拟量电压限速。

　　MADDT1207003 伺服驱动器的参数共有 128 个,Pr00～Pr7F,可以通过与 PC 连接后在专门的调试软件上进行设置,也可以在驱动器上的面板上进行设置。

　　在 PC 上安装,通过与伺服驱动器建立起通信,就可将伺服驱动器的参数状态非常方便地读出或写入,如图 1.5.3 所示。当现场条件不允许,或修改少量参数时,也可通过驱动器上操作面板来完成。操作面板如图 1.5.4 所示。各个按钮的说明如表 1.5.1 所示。

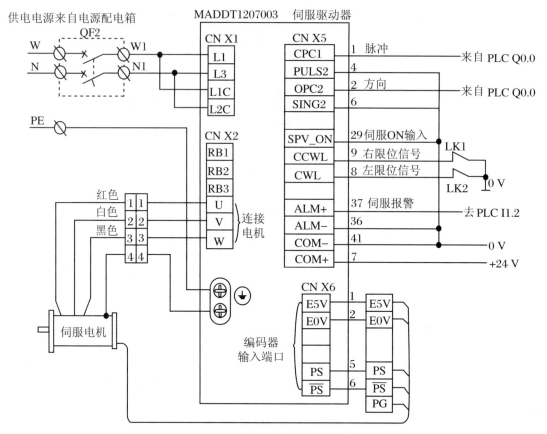

图 1.5.2　YL-335B 的交流伺服驱动器接线

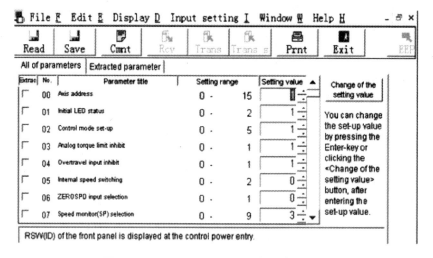

图 1.5.3　PANATERM V5.0 参数设置界面

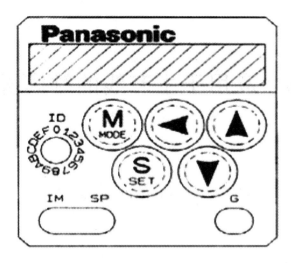

图 1.5.4　松下 A5 伺服驱动器面板

表 1.5.1　松下 A5 伺服驱动器面板上的各个按钮说明

按钮说明	激活条件	功　能
MODE	在模式显示时有效	在以下 5 种模式之间切换：① 监视器模式；② 参数设置模式；③ EEPROM 写入模式；④ 自动调整模式；⑤ 辅助功能模式
SET	一直有效	用来在模式显示和执行显示之间切换
▲ ▼	仅对小数点闪烁的那一位数据位有效	改变各个模式里的显示内容、更改参数、选择参数或执行选中的操作
◄		把移动的小数点移动到更高位数

面板操作说明如下：

（1）参数设置，先按"SET"键，再按"MODE"键选择到"Pr00"后，按向上、下或向左的方向键选择通用参数的项目，按"SET"键进入。然后按向上、下或向左的方向键调整参数，调整完后，按"S"键返回。选择其他项再调整。

（2）参数保存，按"M"键选择到"EE-SET"后按"SET"键确认，出现"EEP-"，然后按向上键 3 s，出现"FINISH"或"reset"，然后重新上电即保存。

（3）手动 JOG 运行，按"MODE"键选择到"AF-ACL"，然后按向上、下键选择到"AF-JOG"按"SET"键一次，显示"JOG-"，然后按向上键 3 s 显示"ready"，再按向左键 3 s 出现"sur-on"锁紧轴，按向上、下键，点击正反转。注意先将 S-ON 断开。

（具体参数可参见《MINAS-A5_松下伺服驱动器使用手册综合版》）

单元6 应用于生产线的触摸屏技术

6.1 人机界面的定义

HMI 是 Human Machine Interface 的缩写,"人机接口",也叫人机界面。人机界面(又称用户界面或使用者界面)是系统和用户之间进行交互和信息交换的媒介,它实现信息的内部形式与人们可以接受形式之间的转换。凡参与人机信息交流的领域都存在着人机界面。HMI 的接口种类很多,有 RS-232、RS-485、RJ45 网线接口。

人机操作界面包括指示灯、显示仪表、主令按钮、开关和电位器等。操作人员通过这些设备把操作指令传输到自动控制器中,控制器也通过它们显示当前的控制数据和状态。新的模块化、集成化产品出现,这些 HMI 产品一般具有灵活的可由用户自定义的信号显示功能,用图形和文本方式显示状态。现代 HMI 产品还提供了固定或可定义的按键,或者触摸屏输入功能。HMI 产品在现代控制系统的人机交互中作用越来越大。

HMI 设备的作用是提供自动化设备操作人员与自控系统之间的交互界面接口。使用 HMI 设备,可以实现以下功能:

(1) 在 HMI 上显示当前的控制状态、过程变量,包括数字量和数值等数据。

(2) 显示报警信息,通过硬件或可视化图形按键输入数字量、数值等控制参数。

(3) 使用 HMI 的内置功能对 PLC 内部进行简单的监控、设置等。

HMI 设备作为一个网络通信主站与 S7-200CPU 相连,因此也有通信协议、站地址及通信速率等属性。通过串行通信在两者之间建立数据对应关系,也就是 CPU 内部存储区与 HMI 输入、输出元素间的对应关系。如图 1.6.1 所示。

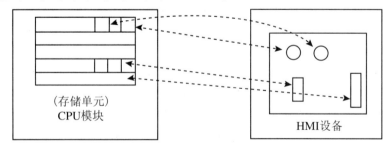

图 1.6.1 CPU 存储器与 HMI 元素的对应关系

只有建立了对应关系,操作人员才可以与 PLC 内部的用户程序建立交互联系。这种联系以及在 HMI 上究竟如何安排、定义各种元素,都需要在软件中进行配置,这个过程称为"组态"。为了通过触摸屏设备操作机器或系统,给触摸屏设备组态用户界面的过程就称为

"组态阶段"。系统组态就是通过 PLC 以"变量"方式进行操作站与机械设备或过程之间的通信。变量值写入 PLC 上的存储区域读取。各种不同的 HMI 有各自专用的配置软件。

HMI 设备上的操作、显示元素与 PLC 内存的对应关系需要进行配置才能建立；HMI 设备上的显示画面等也需要布置及制作。HMI 组态软件就是用来完成上述工作的。不同的 HMI 产品使用的组态软件不同。适用 S7-200 的 HMI 产品需要的组态软件有很多，如 TD 系列文本显示器使用文本示向导组态及一些国产的组态软件。

HMI 软件能够支持 PLC 的通信协议。能够直接连接的 HMI 软件都通过专用的驱动接口与特定的 PLC 通信。因此往往同一厂家的产品之间具有更好的兼容性。对于世界性的通信标准来说，由于各主要厂家都提供符合标准的产品，其通用性也能得到保证。例如，S7-200 可以通过 EM277 通信模块与支持 PROFIBUS-DP 通信标准的 HMI 计算机通信。

触摸屏根据其工作原理和传输信息介质的不同，分为电阻式、电容式、红外线式和表面声波式触摸屏。

6.2　自动化生产线上的人机界面

YL-335B 自动化生产线使用北京昆仑通态自动化软件科技有限公司组态产品。其中组态软件为 MCGS 嵌入式软件。以 TPC7062KS 人机界面的硬件连接：TPC7062KS 人机界面的电源进线、各种通信接口均在其背面进行，如图 1.6.2 所示。其中 USB1 口用来连接鼠标和 U 盘等，USB2 口用作工程项目下载，COM（RS-232）用来连接 PLC。下载线和通信线如图 1.6.3 所示。

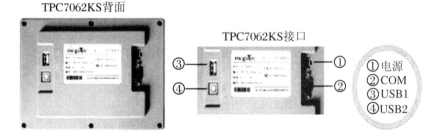

图 1.6.2　TPC7062KS 背面及接口

图 1.6.3　组态下载线与 PLC 通信线

1.TPC7062KS 触摸屏与个人计算机的连接

在 YL-335B 上,TPC7062KS 触摸屏是通过 USB2 口与个人计算机连接的,连接之前,个人计算机应先安装 MCGS 组态软件。

当需要在 MCGS 组态软件上把资料下载到 HMI 时,只要在下载配置里,选择"连接运行",单击"工程下载"即可进行下载。如图 1.6.4 所示。如果工程项目要在电脑模拟测试,则选择"模拟运行",然后下载工程。

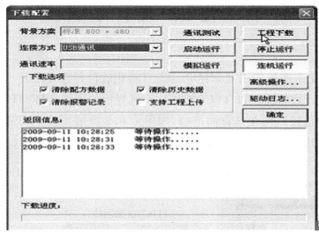

图 1.6.4　工程下载

2.TPC7062KS 触摸屏与 S7-200PLC 的连接

在 YL-335B 中,触摸屏通过 COM 口直接与输送站的 PLC(PORT1)的编程口连接。所使用的通信线采用西门子 PC-PPI 电缆,PC-PPI 电缆把 RS-232 转为 RS-485。PC-PPI 电缆 9 针母头插在屏侧,9 针公头插在 PLC 侧。为了实现正常通信,除了正确进行硬件连接,尚需对触摸屏的串行口 0 属性进行设置,这将在设备窗口组态中实现,设置方法将在后面的工作任务中详细说明。

6.3　建立一个新工程(实例)

通过一个水位控制系统的组态过程,介绍如何应用 MCGS 组态软件完成一个工程。本样例工程中涉及动画制作、控制流程的编写、模拟设备的连接、报警输出、报表曲线显示与打印等多项组态操作。

水位控制需要采集 2 个模拟数据：液位 1（最大值 10 米）、液位 2（最大值 6 米）。

3 个开关数据：水泵、调节阀、出水阀。

工程效果图：工程组态好后，最终效果如图 1.6.5 所示。

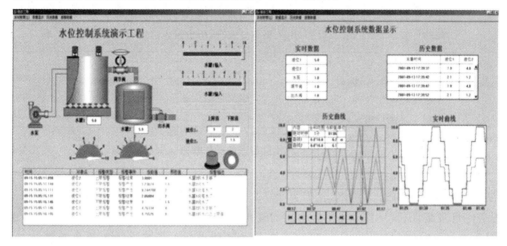

图 1.6.5 工程效果图

1. 工程剖析

对于一个工程设计人员来说，要想快速准确地完成一个工程项目，首先要了解工程的系统构成和工艺流程，明确主要的技术要求，搞清工程所涉及的相关硬件和软件。在此基础上，拟定组建工程的总体规划和设想，例如控制流程如何实现，需要什么样的动画效果，应具备哪些功能，需要何种工程报表，需不需要曲线显示等。只有这样，设计人员才能在组态过程中有的放矢，尽量避免无谓的劳动，达到快速完成工程项目的目的。工程说明如表 1.6.1 所示。

表 1.6.1 工程说明

工程的框架结构	样例工程定义为"水位控制系统.mcg"工程文件，由 5 大窗口组成。总共建立了 2 个用户窗口，4 个主菜单，分别为水位控制、报警显示、曲线显示、数据显示，构成了样例工程的基本骨架
动画图形的制作	水位控制窗口是样例工程首先显示的图形窗口（启动窗口），是一幅模拟系统真实工作流程并实施监控操作的动画窗口。包括： 水位控制系统：水泵、水箱和阀门由"对象元件库管理"调入；管道则经过动画属性设置赋予其动画功能； 液位指示仪表：采用旋转式指针仪表，指示水箱的液位； 液位控制仪表：采用滑动式输入器，由鼠标操作滑动指针，改变流速； 报警动画显示：由"对象元件库管理"调入，用可见度实现
控制流程的实现	选用"模拟设备"及策略构件箱中的"脚本程序"功能构件，设置构件的属性，编制控制程序，实现水位、水泵、调节阀和出水阀的有效控制

各种功能的实现	通过 MCGS 提供的各类构件实现下述功能： 历史曲线：选用历史曲线构件实现； 历史数据：选用历史表格构件实现； 报警显示：选用报警显示构件实现； 工程报表：历史数据选用存盘数据浏览策略构件实现，报警历史数据选用报警信息浏览策略构件实现，实时报表选用自由表格构件实现，历史报表选用历史表格构件实现
输入、输出设备	抽水泵的启停：开关量输出； 调节阀的开启关闭：开关量输出； 出水阀的开启关闭：开关量输出； 水罐 1,2 液位指示：模拟量输入
其他功能的实现	工程的安全机制：分清操作人员和负责人的操作权限

注意：在 MCGS 组态软件中，我们提出了"与设备无关"的概念。无论用户使用 PLC、仪表，还是使用采集板、模块等设备，在进入工程现场前的组态测试时，均采用模拟数据进行。待测试合格后，再进行设备的硬连接，同时将采集或输出的变量写入设备构件的属性设置窗口内，实现设备的软连接，由 MCGS 提供的设备驱动程序驱动设备工作。以上列出的变量均采取这种办法。

2. 建立 MCGS 新工程

如果用户已在自己的计算机上安装了"MCGS 组态软件"，在 Windows 桌面上，会有"MCGS 组态环境"与"MCGS 运行环境"图标。鼠标双击"MCGS 组态环境"图标，进入 MCGS 组态环境，如图 1.6.6 所示。

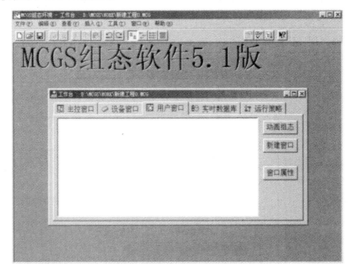

图 1.6.6　工作界面

在菜单"文件"中选择"新建工程"菜单项，如果 MCGS 安装在 D：根目录下，则会在 D：\MCGS\WORK\下自动生成新建工程，默认的工程名为新建工程 X.MCG（X 表示新建工程的顺序号,如:0、1、2 等)。如图 1.6.7 所示。

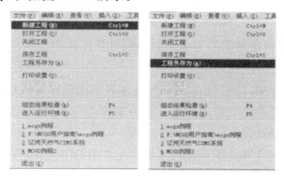

图 1.6.7　工程存储

用户可以在菜单"文件"中选择"工程另存为"选项,把新建工程存为:D:\MCGS\WORK\水位控制系统。

3. 设计画面流程

(1) 建立新画面。

在 MCGS 组态平台上单击"用户窗口",接着在"用户窗口"中单击"新建窗口"按钮,则产生新"窗口 0",如图 1.6.8 所示。

图 1.6.8　新建用户窗口

选中"窗口 0",单击"窗口属性",进入"用户窗口属性设置",将"窗口名称"设置为水位控制;将"窗口标题"设置为水位控制;在"窗口位置"中选中"最大化显示",其他不变,单击"确认",如图 1.6.9 所示。

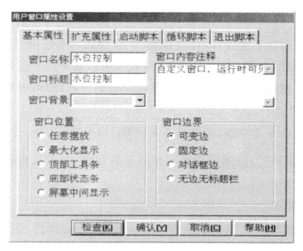

图 1.6.9　窗口属性设置

　　选中刚创建的"水位控制"用户窗口,单击"动画组态",进入动画制作窗口。

　　单击工具条中的"工具箱"按钮,则打开动画工具箱,图标 ▶ 对应于选择器,用于在编辑图形时选取用户窗口中指定的图形对象;图标 ⬆ 用于打开和关闭常用图符工具箱,常用图符工具箱包括 27 种常用的图符对象。

　　图形对象放置在用户窗口中,是构成用户应用系统图形界面的最小单元,MCGS 中的图形对象包括图元对象、图符对象和动画构件 3 种类型,不同类型的图形对象有不同的属性,所能完成的功能也各不相同。

　　为了快速构图和组态,MCGS 系统内部提供了常用的图元、图符、动画构件对象,称为系统图形对象,如图 1.6.10 所示。

图 1.6.10　系统图形对象

　　(2)制作文字框图。

　　建立文字框:打开工具箱,选择"工具箱"内的"标签"按钮 A,鼠标的光标变为"十"字形,在窗口任何位置拖拽鼠标,拉出一个一定大小的矩形。

　　(3)输入文字。

　　建立矩形框后,光标在其内闪烁,可直接输入"水位控制系统演示工程"文字,按回车键或在窗口任意位置用鼠标点击一下,文字输入过程结束。如果用户想改变矩形内的文字,先选中文字标签,按回车键或空格键,光标显示在文字起始位置,即可进行文字的修改。

　　(4)设置框图颜色。

　　设定文字框颜色:选中文字框,按工具条上的 🎨(填充色)按钮,设定文字框的背景颜色(设为无填充色);按 🖌(线色)按钮改变文字框的边线颜色(设为没有边线)。设定的结果是不显示框图,只显示文字。

　　(5)设定文字的颜色。

　　按 Aª(字符字体)按钮改变文字字体和大小。按 🅰(字符颜色)按钮,改变文字颜色(为蓝色)。

（6）对象元件库管理。

单击"工具"菜单，选中"对象元件库管理"或单击工具条中的"工具箱"按钮，则打开动画工具箱，工具箱中的图标 用于从对象元件库中读取存盘的图形对象。

图标 用于把当前用户窗口中选中的图形对象存入对象元件库。如图 1.6.11 所示。

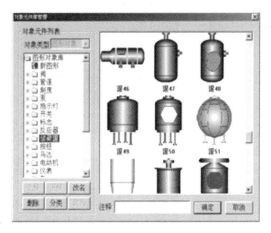

图 1.6.11　制作水箱

从"对象元件库管理"的"储藏罐"中选取中意的罐，按"确认"，则所选中的罐在桌面的左上角，可以改变其大小及位置，如罐 14、罐 20。

从"对象元件库管理"的"阀"和"泵"中分别选取 2 个阀（阀 6、阀 33）、1 个泵（泵 12）。

流动的水是由 MCGS 动画工具箱中的"流动块"构件制作成的。选中工具箱内的"流动块"动画构件 。移动鼠标至窗口的预定位置，（鼠标的光标变为"十"字形状），点击一下鼠标左键，移动鼠标，在鼠标光标后形成一道虚线，拖动一定距离后，点击鼠标左键，生成一段流动块。再拖动鼠标（可沿原来方向，也可垂直原来方向），生成下一段流动块。当用户想结束绘制时，双击鼠标左键即可。当用户想修改流动块时，先选中流动块（流动块周围出现选中标志：白色小方块），鼠标指针指向小方块，按住左键不放，拖动鼠标，就可调整流动块的形状。

用工具箱中的 **A** 图标，分别对阀、罐进行文字注释，方法可见上述的"水位控制系统演示工程"的流程。

4．整体画面

最后生成的画面如图 1.6.12 所示。

选择菜单项"文件"中的"保存窗口"，则可对所完成的画面进行保存。

5．定义数据变量

根据前文所述，实时数据库是 MCGS 工程的数据交换和数据处理中心。数据变量是构成实时数据库的基本单元，建立实时数据库的过程也即是定义数据变量的过程。定义数据变量的内容主要包括：指定数据变量的名称、类型、初始值和数值范围，确定与数据变量存盘相关的参数，如存盘的周期、存盘的时间范围和保存期限等。下面介绍水位控制系统数据变量的定义步骤。

（1）分析变量名称。

表1.6.2列出了样例工程中与动画和设备控制相关的变量名称。

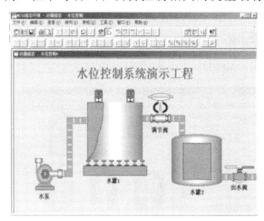

图 1.6.12　整体画面

表 1.6.2　变量名称

变 量 名 称	类 型	注 释
水泵	开关型	控制水泵"启动"、"停止"的变量
调节阀	开关型	控制调节阀"打开"、"关闭"的变量
出水阀	开关型	控制出水阀"打开"、"关闭"的变量
液位 1	数值型	水罐 1 的水位高度,用来控制 1♯水罐水位的变化
液位 2	数值型	水罐 2 的水位高度,用来控制 2♯水罐水位的变化
液位 1 上限	数值型	用来在运行环境下设定水罐 1 的上限报警值
液位 1 下限	数值型	用来在运行环境下设定水罐 1 的下限报警值
液位 2 上限	数值型	用来在运行环境下设定水罐 2 的上限报警值
液位 2 下限	数值型	用来在运行环境下设定水罐 2 的下限报警值
液位组	组对象	用于历史数据、历史曲线、报表输出等功能构件

　　鼠标点击工作台的"实时数据库"窗口标签,进入实时数据库窗口页。

　　按"新增对象"按钮,在窗口的数据变量列表中,增加新的数据变量,多次按该按钮,则增加多个数据变量,系统缺省定义的名称为"Data1"、"Data2"、"Data3"等选中变量,按"对象属性"按钮或双击选中变量,则打开对象属性设置窗口。

　　(2)指定名称类型。

　　在窗口的数据变量列表中,用户将系统定义的缺省名称改为用户定义的名称,并指定类型,在注释栏中输入变量注释文字。本系统中要定义的数据变量如图 1.6.13 所示,以"液位1"变量为例。

　　新增对象在基本属性中,对象名称设为液位 1,对象类型设为数值,其他不变。

　　液位组变量属性设置,在基本属性中,对象名称设为液位组,对象类型设为组对象,其他不变。在存盘属性中,数据对象值的存盘选中定时存盘,存盘周期设为 5 s。在组对象成员中选择"液位 1"、"液位 2"。

　　水泵、调节阀、出水阀三个开关型变量的属性设置中,只要把对象名称改为水泵、调节阀、出水阀;对象类型选中"开关",其他属性不变。

图 1.6.13　定义变量

6．动画连接

由图形对象搭制而成的图形界面是静止不动的,需要对这些图形对象进行动画设计,真实地描述外界对象的状态变化,达到过程实时监控的目的。MCGS 实现图形动画设计的主要方法是将用户窗口中图形对象与实时数据库中的数据对象建立相关性连接,并设置相应的动画属性。在系统运行过程中,图形对象的外观和状态特征由数据对象的实时采集值驱动,从而实现了图形的动画效果。

在用户窗口中,双击"水位控制"窗口进入,选中"水罐 1"双击,则弹出"单元属性设置"窗口。选中"折线",则会出现 > ,单击 > 则进入"动画组态属性设置"窗口,按图 1.6.14 所示修改,其他属性不变。设置好后,按"确定"后再按"确定",变量连接成功。对于水罐 2,只需要把"液位 2"改为"液位 1";"最大变化百分比"100,对应的"表达式的值"由 10 改为 6 即可。

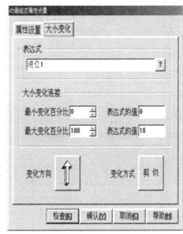

图 1.6.14　水位控制设置

在用户窗口中,双击"水位控制"窗口进入,选中"调节阀"双击,则弹出"单元属性设置"窗口。选中"组合图符",则会出现 > ,单击 > 则进入"动画组态属性设置"窗口,按图 1.6.15 所示修改,其他属性不变。设置好后,按"确定"后再按"确定",变量连接成功。水泵属性设置跟调节阀属性设置一样。

图 1.6.15　调节阀设置

出水阀属性设置，我们可以在"属性设置"中调入其他属性，如图 1.6.16 所示。

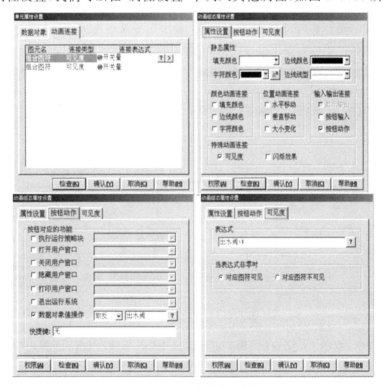

图 1.6.16　出水阀设置

在用户窗口中，双击"水位控制"窗口进入，选中水泵右侧的流动块双击，则弹出"流动块构件属性设置"窗口。水罐 1 右侧的流动块与水罐 2 右侧的流动块在"流动块构件属性设置"窗口中，只需要把"表达式"相应改为调节阀＝1，出水阀＝1 即可，如图 1.6.17 所示。

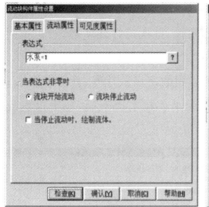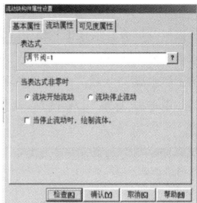

图 1.6.17　流动块构件设置

到此，动画连接我们已经做好了，我们先让工程运行起来，看看自己的劳动成果。在运行之前我们需要做一下设置。在"用户窗口"中选中"水位控制"，单击鼠标右键，点击"设置为启动窗口"，这样工程运行后会自动进入"水位控制"窗口。

在菜单项"文件"中选"进入运行环境"或直接按"F5"或直接按工具条中⬇图标，都可以进入运行环境。

这时我们看见的画面并不能动，移动鼠标到"水泵"、"调节阀"、"出水阀"上面的红色部分，会出现一只小"手"，单击一下，红色部分变为绿色，同时流动块相应地运动起来。但水罐仍没有变化，这是由于我们没有信号输入，也没有人为地改变其值。我们现在可以用如下方法改变其值，使水罐动起来。

在"工具箱"中选中滑动输入器 ○┐ 图标，当鼠标变为"十"字形后，拖动鼠标到适当大小，然后双击进入属性设置，以液位 1 为例。

在"滑动输入器构件属性设置"的"操作属性"中，把对应数据对象的名称改为液位 1，可以通过单击 **?** 图标，到库中选，自己输入也可；"滑块在最右边时对应的值"为 10。

在"滑动输入器构件属性设置"的"基本属性"中,在"滑块指向"中选中"指向左(上)",其他不变。

在"滑动输入器构件属性设置"的"刻度与标注属性"中,把"主划线数目"改为5,即能被10整除,其他不变。

这时用户再按"F5"或直接按工具条中 图标,进入运行环境后,可以通过拉动滑动输入器而使水罐中的液面动起来。

为了准确了解水罐1、水罐2的值,我们可以用数字显示其值,具体操作如下:

在"工具箱"中单击"标签" 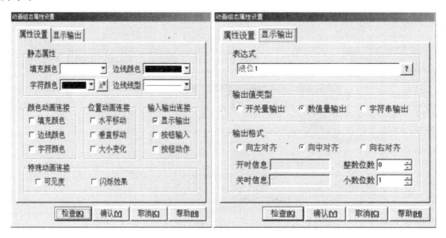 图标,调整大小放在水罐下面,双击进行属性设置如图1.6.18所示。

图 1.6.18 文字设置

现场一般都有仪表显示,如果用户需要在动画界面中模拟现场的仪表运行状态,怎么办呢? 其实在MCGS组态软件中实现并不难,具体操作如下:

在"工具箱"中单击"旋转仪表" 图标,调整大小放在水罐下面,双击进行属性设置如图1.6.19所示。

这时用户再按"F5"或直接按工具条中 图标,进入运行环境后,可以通过拉动滑动输入器使整个画面动起来。

7. 模拟设备

模拟设备是MCGS软件根据设置的参数产生一组模拟曲线的数据,以供用户调试工程使用。本构件可以产生标准的正弦波、方波、三角波、锯齿波信号,且其幅值和周期都可以任意设置。

现在我们通过模拟设备使动画自动运行起来,而不需要手动操作,具体操作如下:

在"设备窗口"中双击"设备窗口"进入,点击工具条中的"工具箱" 图标,打开"设备工具箱",如图1.6.20所示。

如果在"设备工具箱"中没有发现"模拟设备",请单击"设备工具箱"中的"设备管理"进入。在"可选设备"中用户可以看到MCGS组态软件所支持的大部分硬件设备。在"通用设备"中打开"模拟数据设备",双击"模拟设备",按"确认"后,在"设备工具箱"中就会出现"模

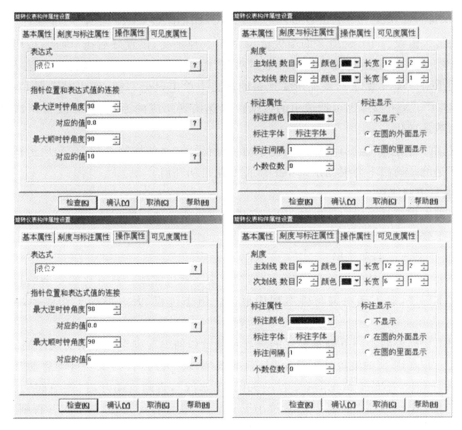

图 1.6.19　旋转仪表设置

图 1.6.20　设备工具箱

拟设备",双击"模拟设备",则会在"设备窗口"中加入"模拟设备"。

双击 设备0-[模拟设备],进入模拟设备属性设置,具体操作如下:

在"设备属性设置"中,点击"内部属性",会出现 ▒ 图标,单击进入"内部属性"设置,把通道1的最大值设为10,通道2的最大值设为6,其他不变,设置好后按"确认"按钮,返回到"基本属性"页。在"通道连接"中"对应数据对象"中输入变量,第一个通道对应输入液位1,第二个通道对应输入液位2,或在所要连接的通道中单击鼠标右键,到实时数据库中选中并双击"液位1"、"液位2",也可把选中的数据对象连接到相应的通道。在"设备调试"中用户就可看到数据变化。

这时用户再进入"运行环境",就会发现自己所做的"水位控制系统"自动地运行起来了,但美中不足的是阀门不会根据水罐中的水位变化自动开启。

8. 编写控制流程

用户脚本程序是由用户编制的、用来完成特定操作和处理的程序,脚本程序的编程语法非常类似于普通的 Basic 语言,但在概念和使用上更简单、直观,力求做到使大多数普通用户都能正确、快速地掌握和使用。

对于大多数简单的应用系统,MCGS 的简单组态就可完成。只有比较复杂的系统,才需要使用脚本程序,但正确地编写脚本程序可简化组态过程,大大提高工作效率,优化控制过程。

我们主要需要熟悉一下脚本程序的编写环境及如何编写脚本程序来实现控制流程。

假设:当"水罐1"的液位达到9 m时,就要把"水泵"关闭,否则就要自动启动"调节阀"。当"水罐2"的液位不足1 m时,就要自动关闭"出水阀",否则自动开启"调节阀"。当"水罐1"的液位大于1 m,并且"水罐2"的液位小于6 m时,就要自动开启"调节阀",否则自动关闭"调节阀"。具体操作如下:

在"运行策略"中,双击"循环策略"进入,双击 ▦ 图标进入"策略属性设置",如图1.6.21所示,只需要把"循环时间"设为200 ms,按"确定"即可。

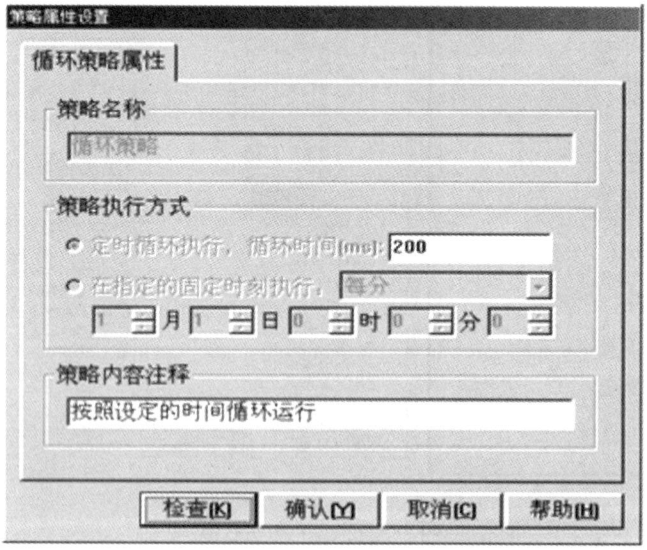

图 1.6.21 循环时间设置

在策略组态中,单击工具条中的"新增策略行" ▦ 图标,则显示如图1.6.22所示的内容。

图 1.6.22　新增策略行

在策略组态中,如果没有出现策略工具箱,请单击工具条中的"工具箱" 图标,弹出"策略工具箱",如图 1.6.23 所示。

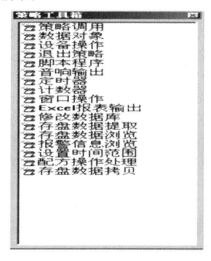

图 1.6.23　策略工具箱

单击"策略工具箱"中的"脚本程序",把鼠标移出"策略工具箱",会出现一个小手,把小手放在 上,单击鼠标左键,则显示如图 1.6.24 所示的内容。

图 1.6.24　脚本程序设置

双击 进入脚本程序编辑环境,编辑的内容如下:

IF 液位 1<9 THEN

　　水泵 = 1

ELSE

　　水泵 = 0

END IF

IF 液位 2<1 THEN

　　出水阀 = 0

ELSE

　　出水阀 = 1

END IF

IF 液位 1>1 and 液位 2<6 THEN

　　调节阀＝1

ELSE

　　调节阀＝0

END IF

按"确认"退出,脚本程序就编写好了,这时用户再进入运行环境,就会按照所需要的控制流程出现相应的动画效果。

9. 报警显示与报警数据

MCGS 把报警处理作为数据对象的属性,封装在数据对象内,由实时数据库来自动处理。当数据对象的值或状态发生改变时,实时数据库判断对应的数据对象是否发生了报警或已产生的报警是否已经结束,并把所产生的报警信息通知给系统的其他部分,同时,实时数据库根据用户的组态设定,把报警信息存入指定的存盘数据库文件中。

定义报警的具体操作如下:

对于"液位 1"变量来说,在实时数据库中,双击"液位 1",在报警属性中,选中"允许进行报警处理";在报警设置中选中"上限报警",把报警值设为 9 m;报警注释为水罐 1 的水已达上限值;在报警设置中选中"下限报警",把报警值设为 1 m;报警注释为水罐 1 没水了。在存盘属性中,选中"自动保存产生的报警信息"。

对于液位 2 变量来说,只需要把"上限报警"的报警值设为 4 m,其他设置相同。

属性设置好后,按"确认"即可。

实时数据库只负责关于报警的判断、通知和存储三项工作,而报警产生后所要进行的其他处理操作(即对报警动作的响应),则需要用户在组态时实现。具体操作如下:

在 MCGS 组态平台上,单击"用户窗口",在"用户窗口"中,选中"水位控制"窗口,双击"水位控制"或单击"动画组态"进入。在工具条中单击"工具箱",弹出"工具箱",从"工具箱"中单击"报警显示"▣图标,变"十"后用鼠标拖动到适当位置与大小。双击弹出如图1.6.25所示窗口。

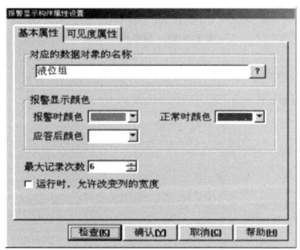

图 1.6.25　报警显示构件属性设置

在"报警显示构件属性设置"中,把"对应的数据对象的名称"改为液位组,"最大记录次数"改为6,其他不变。按"确认"后,则报警显示设置完毕。

此时按"F5"或直接按工具条中![图标]图标,进入运行环境,用户会发现报警显示已经轻松地实现了。

在报警定义时,我们已经让当有报警产生时"自动保存产生的报警信息",这时我们可以通过适当的操作,看看是否有报警数据存在。具体操作如下:

在"运行策略"中,单击"新建策略",弹出"选择策略的类型",选中"用户策略",按"确定"。

选中"策略1",单击"策略属性"按钮,弹出"策略属性设置"窗口,把"策略名称"设为报警数据,"策略内容注释"设为"水罐的报警数据",按"确认"。如图1.6.25所示。

选中"报警数据",单击"策略组态"按钮进入,在策略组态中,单击工具条中的"新增策略行"![图标]图标,新增加一个策略行。再从"策略工具箱"中选取"报警信息浏览",加到策略行![图标]上,单击鼠标左键。

双击![图标]图标,弹出"报警信息浏览构件属性设置"窗口,在"基本属性"中,把"报警信息来源"中的"对应数据对象"改为液位组。按"确认"按钮设置完毕。

按"测试"按钮,进入"报警信息浏览"。

退出策略组态时,会弹出确认窗口,按"是"按钮,就可对所做设置进行保存。

如何在运行环境中看到刚才的报警数据呢? 请按如下步骤操作:

在MCGS组态平台上,单击"主控窗口",在"主控窗口"中,选中"主控窗口",单击"菜单组态"进入。单击工具条中的"新增菜单项"![图标]图标,会产生"操作0"菜单。双击"操作0"菜单,弹出"菜单属性设置"窗口。在"菜单属性"中把"菜单名"改为报警数据。在"菜单操作"中选中"执行运行策略块",选中"报警数据",按"确认"设置完毕。

用户现在直接按"F5"或直接按工具条中![图标]图标,进入运行环境,就可以用菜单"报警数据"打开报警历史数据。

在"实时数据库"中,对"液位1"、"液位2"的上、下限报警值都定义好了,如果用户想在运行环境下根据实际情况随时需要改变报警上、下限值,又如何实现呢? MCGS组态软件为用户提供了大量的函数,可以根据用户的需要灵活地进行运用。具体操作如下:

在"实时数据库"中选"新增对象",增加4个变量,分别为液位1上限、液位1下限、液位2上限、液位2下限。

在"用户窗口"中,选"水位控制"进入,在"工具箱"选"标签"![A图标]图标用于文字注释,选"输入框"![abl图标]用于输入上、下限值,如图1.6.26所示。

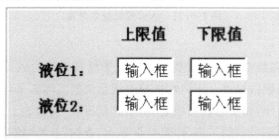

图1.6.26　液位控制框

双击 输入框 图标,进行属性设置,只需要设置"操作属性",其他不变。

在 MCGS 组态平台上,单击"运行策略",在"运行策略"中双击"循环策略",双击 进入脚本程序编辑环境,在脚本程序中增加如下语句:

! SetAlmValue(液位 1,液位 1 上限,3)

! SetAlmValue(液位 1,液位 1 下限,2)

! SetAlmValue(液位 2,液位 2 上限,3)

! SetAlmValue(液位 2,液位 2 下限,2)

如果用户对函数! SetAlmValue(液位 1,液位 1 上限,3)不了解,可使用"在线帮助"。按"帮助"按钮,弹出"MCGS 帮助系统",在"索引"中输入"! SetAlmValue"即可了解此函数。

当有报警产生时,我们可以用提示灯显示,具体操作如下:

在"用户窗口"中选中"水位控制",双击进入,单击"工具箱"中的"插入元件" 图标,进入"对象元件库管理",从"指示灯"中选取图标 ,调整大小并放在适当位置。 作为"液位 1"的报警指示, 作为"液位 2"的报警指示,双击设置可见度。

现在我们再进入运行环境,看看整体效果,如图 1.6.27 所示。

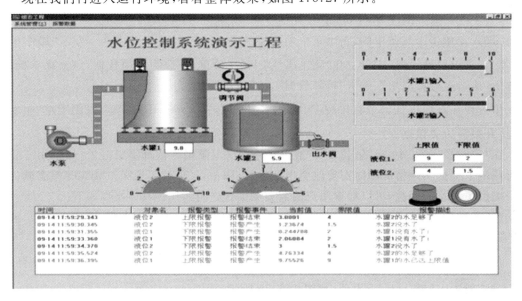

图 1.6.27　水位控制整体界面

10. 报表输出

在工程应用中,大多数监控系统需要对数据采集设备采集的数据进行存盘、统计分析,并根据实际情况打印出数据报表。所谓数据报表就是根据实际需要以一定格式将统计分析后的数据记录显示和打印,如实时数据报表、历史数据报表(班报表、日报表、月报表等)。数据报表是工控系统中必不可少的一部分,是数据显示、查询、分析、统计、打印的最终体现,是整个工控系统的最终结果输出;数据报表是对生产过程中系统监控对象状态的综合记录和规律总结。

实时数据报表是实时的将当前时间的数据变量按一定报告格式（用户组态）显示和打印，即对瞬时量的反映，实时数据报表可以通过 MCGS 系统的实时表格构件来组态显示实时数据报表。

怎样实现实时数据报表呢？具体操作如下：

在 MCGS 组态平台上，单击"用户窗口"，在"用户窗口"中单击"新建窗口"按钮产生一个新窗口，单击"窗口属性"按钮，弹出"用户窗口属性设置"窗口，设置如图 1.6.28 所示。

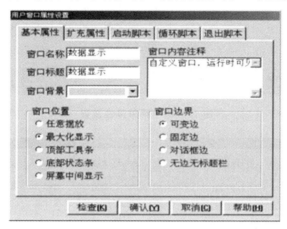

图 1.6.28　数据显示设置

按"确认"按钮，再按"动画组态"进入"动画组态：数据显示"窗口。用"标签" A 作注释：水位控制系统数据显示，实时数据，历史数据。

在工具条中单击"帮助" 图标，拖放在"工具箱"中单击"自由表格" 图标，用户就会获得"MCGS 在线帮助"，仔细阅读后再按下面操作进行。

在"工具箱"中单击"自由表格" 图标，拖放到桌面适当位置。双击表格进入，如要改变单元格大小，则把鼠标移到 A 与 B 或 1 与 2 之间，当鼠标变化时，拖动鼠标即可；单击鼠标右键进行编辑。

在 MCGS 组态平台上，单击"主控窗口"，在"主控窗口"中单击"菜单组态"，在工具条中单击"新增菜单项" 图标，会产生"操作 0"菜单。双击"操作 0"菜单，弹出"菜单属性设置"窗口，如图 1.6.29 所示。

按"F5"进入运行环境后，单击菜单项中的"数据显示"会打开"数据显示"窗口，实时数据就会显示出来。

历史数据报表是从历史数据库中提取数据记录，以一定的格式显示历史数据。实现历史报表有两种方式，一种用策略中的"存盘数据浏览"构件，另一种利用历史表格构件。

如何利用策略中的"存盘数据浏览"构件实现历史报表呢？具体操作如下：

在"运行策略"中单击"新建策略"按钮，弹出"选择策略的类型"，选中"用户策略"，按"确认"。单击"策略属性"，弹出"策略属性设置"，把"策略名称"改为历史数据，"策略内容注释"改为水罐的历史数据，按"确认"。双击"历史数据"进入策略组态环境，从工具条中单击"新增策略行" 图标，再从"策略工具箱"中单击"存盘数据浏览"，拖放在 上，双击图标,弹出"存盘数据浏览构件属性设置"窗口,按图1.6.30进行设置。

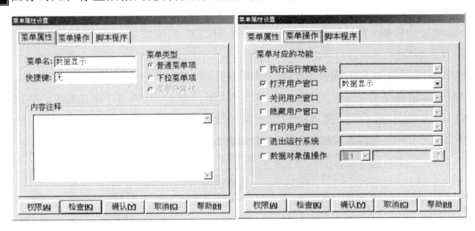

图 1.6.29　菜单属性设置

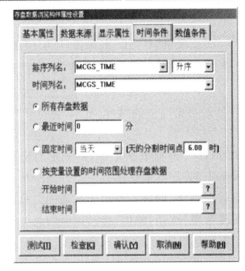

图 1.6.30　存盘数据浏览构件属性设置

单击"测试"按钮,进入"数据存盘浏览",单击"退出"按钮,再单击"确认"按钮,退出运行策略时,保存所做修改。如果想在运行环境中看到历史数据,请在"主控窗口"中新增加一个菜单,取名为历史数据。

11．曲线显示

在实际生产过程控制中,实时数据、历史数据的查看、分析是不可缺少的工作。但对大量数据仅做定量的分析还远远不够,必须根据大量的数据信息,画出曲线,分析曲线的变化趋势并从中发现数据变化规律,曲线处理在工控系统中也是一个非常重要的部分。

实时曲线构件是用曲线显示一个或多个数据对象数值的动画图形,像笔绘记录仪一样实时记录数据对象值的变化情况。

在 MCGS 组态软件中如何实现实时曲线呢?具体操作如下:

单击"用户窗口"标签,在"用户窗口"中双击"数据显示"进入,在"工具箱"中单击"实时曲线" 图标,拖放到适当位置并调整大小。双击曲线,弹出"实时曲线构件属性设置"窗口,按图 1.6.31 所示进行设置。

图 1.6.31　实时曲线构件属性设置

按"确认"即可,在运行环境中单击"数据显示"菜单,就可看到实时曲线。双击曲线可以放大曲线。

历史曲线构件实现了历史数据的曲线浏览功能。运行时,历史曲线构件能够根据需要画出相应历史数据的趋势效果图。历史曲线主要用于事后查看数据和状态变化趋势以及总结规律。

如何根据需要画出相应历史数据的历史曲线呢？具体操作如下：

在"用户窗口"中双击"数据显示"进入，在"工具箱"中单击"历史曲线" 图标，拖放到适当位置并调整大小。双击曲线，弹出"历史曲线构件属性设置"窗口，按图 1.6.32 所示进行设置，在"历史曲线构件属性设置"中，"液位 1"曲线颜色设为"绿色"；"液位 2"曲线颜色设为"红色"。

图 1.6.32   历史曲线构件属性设置

在运行环境中，单击"数据显示"菜单，打开"数据显示窗口"，就可以看到实时数据、历史报表、实时曲线、历史曲线，如图 1.6.33 所示。

12. 安全机制

MCGS 组态软件提供了一套完善的安全机制，虽然用户能够自由组态控制菜单、按钮和退出系统的操作权限，但只允许有操作权限的操作员才能对某些功能进行操作。MCGS 还提供了工程密码、锁定软件狗、工程运行期限等功能，来保护用 MCGS 组态软件进行开发所得的成果，开发者可利用这些功能保护自己的合法权益。

MCGS 系统的操作权限机制和 Windows NT 类似，采用用户组和用户的概念来进行操作权限的控制。在 MCGS 中可以定义无限个用户组，每个用户组中可以包含无限个用户，同一个用户可以隶属于多个用户组。操作权限的分配是以用户组为单位来进行的，即哪些

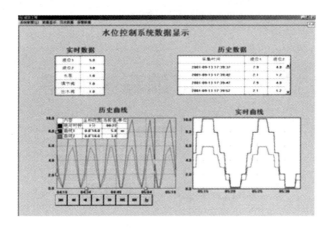

图 1.6.33　数据显示窗口

用户组有权限对某种功能进行操作,而某个用户能否对这个功能进行操作,取决于该用户所在的用户组是否具备对应的操作权限。

MCGS 系统按用户组来分配操作权限的机制,使用户能方便地建立各种多层次的安全机制。如实际应用中的安全机制一般要划分为操作员组、技术员组、负责人组。操作员组的成员一般只能进行简单的日常操作;技术员组负责工艺参数等功能的设置;负责人组能对重要的数据进行统计分析。各组的权限各自独立,但某用户可能因工作需要进行所有操作,则只需把该用户同时设为隶属于 3 个用户组即可。

单元 7　可编程控制器

7.1　PLC 基本知识

7.1.1　PLC 的产生与发展

可编程控制器是微机技术与继电器常规控制技术相结合的产物,是为工业控制应用而专门设计制造的。早期可编程控制器主要应用于逻辑控制,因此称作可编程逻辑控制器(Programmable Logic Controller),简称 PLC。随着技术的发展,可编程逻辑控制器的功能已经大大超越了逻辑控制的范围,现今这种装置称作可编程控制器(Programmable Controller)。为了避免与个人计算机的简称 PC 相混淆,所以仍将可编程控制器简称为 PLC。

1. PLC 的产生

PLC 是在 19 世纪 60 年代末问世的,最初主要应用于汽车制造业。当时汽车制造业生产线上的自动控制系统都是由继电器控制系统构成的,每次产品改型都要将生产线中的继电器控制系统重新设计和安装。为了减少改型所需要的经费和时间、提高效率,1968 年美国通用汽车公司首先提出研制新的控制系统用以取代继电器控制系统,公开招标,并提出了如下 10 项指标:

(1) 编程简单方便,可在现场修改程序。

(2) 维护方便,最好是插件式结构。

(3) 可靠性高于继电器控制系统。

(4) 体积小于继电器控制系统。

(5) 数据可直接输入管理计算机。

(6) 成本上可与继电器控制系统竞争。

(7) 输入可以是 AC 115 V。

(8) 输出为 AC 115 V/2 A 以上,能直接驱动电磁阀。

(9) 扩展时只需对原系统做很小的变更。

(10) 用户程序存储器容量至少能扩展到 4 KB。

1969 年,美国数字设备公司(DEC)根据上述要求率先研制出世界上第一台可编程控制器,即 PLC,在通用汽车自动生产线上应用,并获得成功。此后这项技术迅速发展起来,并推动了欧洲各国、日本及其他国家可编程控制器技术的发展。1971 年,日本从美国引进这项新技术,研制出日本第一台可编程控制器。1973 年西欧国家也研制出了他们的第一台可编程控制器。我国从 1974 年开始研制,1977 年开始工业应用。

2. PLC 的发展

PLC 自产生时起,大致经过了以下 3 个发展阶段:

(1) 早期阶段(20 世纪 60 年代末~70 年代中期)。

早期的 PLC 是为取代继电器控制线路、完成顺序控制而设计的。它在硬件上以准计算机的形式出现,在 I/O 接口电路上做了改进以适应工业控制现场的要求。装置中的器件主要采用分立元件和中小规模集成电路,存储器采用磁芯存储器。另外还采用了一些抗干扰的措施。软件编程上采用了梯形图的编程方式。

(2) 中期阶段(20 世纪 70 年代中期~80 年代中期)。

20 世纪 70 年代,微处理器的出现使 PLC 发生了巨大的变化。各个 PLC 生产厂家开始采用微处理器作为 PLC 的中央处理单元。这样就使 PLC 的功能大大增强。在软件方面,除了保持其原有的逻辑运算、定时、计数等功能外,还增加了算术运算、数据处理和传送、通信、自诊断等功能;在硬件方面,除了保持原有的开关量模块以外,还增加了模拟量模块、远程 I/O 模块等各种特殊模块,并扩大了存储器的容量。

(3) 近期阶段(20 世纪 80 年代中期~至今)。

进入 20 世纪 80 年代中期,由于超大规模集成电路技术的迅速发展,微处理器的市场价格大幅下降,使得各种类型的 PLC 所采用的微处理器的档次普遍提高。而且,为了进一步提高 PLC 的处理速度,各制造厂商还纷纷研制开发了专用逻辑处理芯片,使得 PLC 的软、硬件功能发生了巨大变化。

现代 PLC 的发展有两个趋势。一是向体积更小、速度更快、可靠性更高、功能更强、价格更低的小型 PLC 方向发展,二是向大型、网络化、良好兼容性和多功能方向发展。

7.1.2　PLC 的特点及应用

1. PLC 的特点

PLC 之所以高速发展,除了工业自动化的客观需要外,PLC 还有许多独特的优点。它较好地解决了工业控制领域中普遍关心的可靠性、通用性、灵活性、使用方便等问题。PLC 的主要特点如下:

(1) 可靠性高。

这是 PLC 最突出的优点之一。PLC 具有较高的可靠性是因为它采用了微电子技术,大量的开关动作由无触点的半导体电路完成。在设计、制造过程中,采用一系列硬件和软件抗干扰措施,如硬件方面采用隔离、滤波、精选元器件等。在微处理器与 I/O 之间采用光电隔离措施,有效地抑制了外部干扰对 PLC 的影响,同时可以防止外部高压进入 CPU 单元。滤波是抗干扰的又一主要措施,对供电系统及输出线路采用多种形式滤波电路可以消除或抑制高频干扰。软件方面设置故障检测程序,PLC 在每次循环扫描的内部处理期间,都要检测硬件系统是否正常,外部环境是否正常,如掉电、欠电压等。当故障出现时,立即把当前状态信息存入指定存储器。一旦故障条件消失,就可恢复正常,继续执行原来的程序。

(2) 应用灵活。

由于 PLC 已实现了产品的系统化、标准化的积木式硬件结构和单元化的软件设计,使得它不仅可以适应大小不同、功能复杂的控制要求,而且可以适应各种工艺流程变更较多的场合。PLC用软件功能取代了继电器控制系统中的大量中间继电器、时间继电器、计数器及其他专用功能的器件,使控制系统的设计、安装、接线工作量大大减少。PLC的用户程序大部分可以在实验室模拟,用模拟的各种试验开关代替现场的输入信号,其输出状态可以通过PLC上的指示灯得知,模拟调试好后再将PLC控制系统安装到现场,进行联机调试,这样大大缩短了整个控制系统的调试周期,既安全、快捷,又节省成本。

(3)功能强、通用性好。

PLC不仅具有逻辑运算、定时、计数、顺序控制等功能,还具有A/D、D/A转换、数值运算、数据处理和通信联网等功能。既可以对开关量进行控制,也可以对模拟量进行控制;既可以对单台设备进行控制,也可以对一条生产线或全部生产工艺过程进行控制。PLC具有通信联网功能,可以实现不同PLC之间联网,并可以与计算机构成分布式控制系统。

PLC产品已经形成系列化、单元化,并配备品种齐全的控制单元供用户选择,可以组成能够满足各种要求的控制系统。

(4)编程简单。

大多数PLC采用梯形图编程方式。梯形图与传统的继电接触控制线路图有许多相似之处,与常用的计算机语言相比更容易被操作者接受并掌握。操作者通过阅读PLC操作手册或短期培训,可以很快熟悉梯形图语言,并用来编制一般的用户程序,这也是PLC获得迅速普及和推广的重要原因之一。

除此之外,PLC还具有体积小、能耗低、质量轻、性价比高、省电等优点。当然,PLC也并非十全十美,其缺点是价格较高。比如,完全相同的一个控制任务,一般PLC控制系统要比继电器控制系统价格高,比单片机控制系统价格也要高。运算能力、工作速度比计算机慢,输出对输入响应有滞后现象。

2. PLC的应用

PLC已经广泛地应用于各种工业部门,既能改造传统机械产品使其成为机电一体化的新一代产品,又适用于生产过程控制,实现工业生产的优质、高产、节能与降低成本。随着其性价比的不断提高,应用范围不断扩大。

(1)数字量逻辑控制。

PLC用"与"、"或"、"非"等逻辑指令来实现触点和电路的串、并联,代替继电器进行组合逻辑控制、定时控制与顺序控制。数字量逻辑控制可以用于单台设备,也可以用于自动生产线,其应用领域已遍及各行各业。

(2)运动控制。

PLC使用专用的运动控制模块,对直线运动或圆周运动的位置、速度和加速度进行控制,可单轴、双轴、三轴和多轴位置控制,使运动控制与顺序控制功能有机地结合在一起。PLC的运动控制功能广泛用于各种机械,例如金属切削机床、金属成型机械、装配机械、机器人和电梯等场合。

(3)闭环过程控制。

闭环过程控制是指对温度、压力、流量等连续变化的模拟量的闭环控制。PLC通过模拟量I/O模块,实现模拟量和数字量之间的变换,这一闭环控制功能可以用PID子程序或专用的PID模块来实现。其PID闭环控制功能已经广泛地应用于塑料挤压成形机、加热炉、热处理炉和锅炉等设备,以及轻工、化工、机械、冶金、电力及建材等行业。

(4) 数据处理。

现代的 PLC 具有数学运算(包括四则运算、矩阵运算、函数运算、字逻辑运算以及求反、循环、移位、浮点数运算等)、数据传送、转换、排序和查表以及位操作等功能,可以完成数据的采集、分析和处理。这些数据可以与储存在存储器中的参考值进行比较,也可以用通信功能传送到别的智能装置,或者将它们打印制表。

(5) 通信联网。

PLC 的通信包括主机与远程 I/O 之间的通信、多台 PLC 之间的通信、PLC 与其他智能设备(例如计算机、变频器、数控装置)之间的通信。PLC 与其他智能控制设备一起,可以组成"集中管理、分散控制"的分布式控制系统。

7.1.3　PLC 的结构及工作原理

1. PLC 的基本结构

虽然 PLC 的规格、型号繁多,但其基本结构大致相同,硬件结构与典型的计算机结构相同。图 1.7.1 为其基本结构框图,它主要由电源、中央处理单元、存储器、输入接口、输出接口和编程器等几个部分组成。图中各部分之间均采用总线连接。虚线内是 PLC 本体部分。

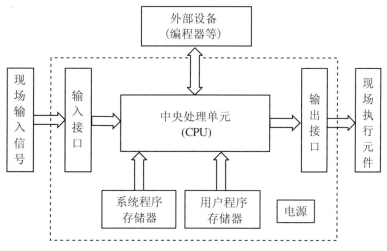

图 1.7.1　PLC 基本结构框图

(1) 中央处理单元。

中央处理单元(CPU)是 PLC 的核心,一般由控制电路、运算器和寄存器组成。CPU 通过地址总线、数据总线、控制总线与存储单元、输入接口、输出接口连接。其主要作用如下:

① 接收从编程设备输入的用户程序,并存入程序存储器中。

② 用扫描方式采集现场输入状态和数据,并存入相应的输入映像存储器中。

③ 执行用户程序,从程序存储器中逐条取出用户程序,经过解释程序解释后逐条执行,完成程序规定的逻辑和算术运算,产生相应的控制信号去控制输出电路,实现程序规定的各种操作。

④ 通过故障自诊断程序,诊断 PLC 的各种运行错误。

因此,CPU 的性能对 PLC 的整机性能有着决定性的影响。CPU 的位数越高,运算速度越快,系统处理信息量越大,系统的性能越好。

(2) 存储器。

PLC 的存储器用来存放程序和数据。程序分为系统程序和用户程序。

① 系统程序存储器。

用来存放系统程序(系统软件)。系统程序是 PLC 研制者所编的程序,它是决定 PLC 性能的关键,相当于 PLC 中的操作系统。系统程序包括监控程序、管理程序、解释程序、故障自诊断程序、功能子程序等。系统程序由制造厂家提供,一般固化在 ROM 或 EPROM 中,用户不能直接存取。系统程序用来管理、协调 PLC 各部分的工作,翻译、解释用户程序,进行故障诊断等。

② 用户程序存储器。

存放用户程序(应用软件)。用户程序是用户为解决实际问题并根据 PLC 的指令系统而编制的程序,它通过编程设备输入,经 CPU 存放于用户程序存储器。为了便于子程序的调试、修改、扩充、完善,该存储器通常使用 RAM。RAM 工作速度快,价格便宜,同时在 PLC 中配有锂电池(或其他电池),当外部电源断电时,可用于保存 RAM 中的信息。

③ 变量(数据)存储器。

存放 PLC 的内部逻辑变量。如内部继电器、输入和输出状态(I/O)寄存器、定时器/计数器中逻辑变量的当前值等,这些当前值在 CPU 进行逻辑运算时需要随时读出、更新有关内容,所以变量存储器也采用 RAM。

PLC 产品资料中通常所指的内存储器容量是对用户程序存储器而言的,且以字(16 位/字)为单位来表示存储器的容量。

(3)输入/输出(I/O)接口。

这是 PLC 与工业现场装置之间的连接部件,是 PLC 的重要组成部分。与微机的 I/O 接口工作于弱电的情况不同,PLC 的 I/O 接口是按强电要求设计的,即其输入接口可以接受强电信号,输出接口可以直接和强电设备相连接。

对于小型 PLC 来说,厂家通常将 I/O 部分安装在 PLC 的本体,而对于中、大型 PLC 来说,厂家通常都将 I/O 部分做成可供选取、扩充的模块组件,用户可根据自己的需要选取不同功能、不同点数的 I/O 组件来组成自己的控制系统。

为了便于检查,每个 I/O 点都接有指示灯,某点接通时,相应的指示灯发光指示,用户可以方便地检查各点的通断状态。

① 输入接口。

其功能是采集现场各种开关触点的状态信号,并将其转换成标准的逻辑电平送给 CPU 处理。

一般的输入信号多为开关量信号,各种开关量输入接口的基本结构大同小异,常有直流、交流两种开关量输入接口电路。图 1.7.2 所示电路是一种直流开关量的输入接口电路,图中所示为一个 8 点输入的接口电路,0~7 为 8 个输入接线端子,COM 为输入公共端子;24 V 直流电源为 PLC 内部专供输入接口用的电源(有些 PLC 的输入端电源需外接,对于外接电源而言,由于多数 PLC 输入接口电路都采用双向的二极管和发光二极管,所以外接电源有漏型和源型两种接法),$K_0 \sim K_7$ 为现场外接的开关。内部电路中,发光二极管 LED 为输入状态指示灯;R 为限流电阻,它为 LED 和光电耦合器提供合适的工作电流。

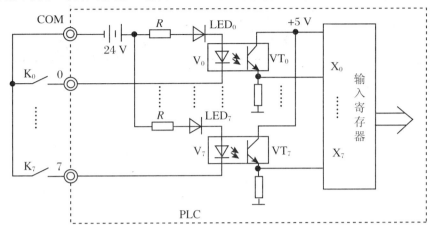

图 1.7.2　直流开关量输入接口电路图

下面以 K_0 输入点为例说明输入电路的工作原理。当开关 K_0 合上时,24 V 电源经 R、LED_0、K_0 形成回路,LED_0 发光,指示该路接通。同时光电耦合器的 V_0 发光,VT_0 受光照饱和导通,X_0 输出高电平。K_0 处于断开状态时,电路不通,LED_0 不亮,光电耦合器不导通,X_0 点为零电平,无信号输入到 CPU。图 1.7.2 中的光电耦合器起着电气隔离(提高抗干扰能力、保护 PLC)和电平转换的作用。

PLC 的输入接口有共点式、分组式、隔离式之分。输入单元只有一个公共端子(COM)的称为共点式,外部输入元件都有一个端子与该 COM 连接;分组式输入单元是将输入端子分为若干组,每组各共用一个公共端子;隔离式输入单元是具有公共端子的各组输入点之间互相隔离,可各自使用独立的电源。

② 输出接口。

这是将 CPU 输出的信号转换成驱动外部设备工作的信号。为适应不同的负载,输出接口有多种方式,常用的有晶体管输出方式、晶闸管输出方式和继电器输出方式。晶体管输出方式用于直流负载;晶闸管输出方式用于交流负载;继电器输出方式可用于直流负载,也可用于交流负载。

图 1.7.3 所示电路是继电器输出接口电路。当 PLC 通过输出映像存储器在输出点输出零电平时,继电器 KA 得电;其常开触点闭合,负载得电。一般输出可带 2 A 的负载(具体负载能力参见相应的 PLC 技术手册)。

为了实现现场负载与 PLC 主机的电气隔离,提高抗干扰能力,晶体管输出方式和晶闸管输出方式要采用光电隔离,继电器输出方式因继电器本身有电气隔离作用,故接口电路中没有设光电耦合器。

I/O 点数是指输入点及输出点之和,是衡量 PLC 规模的指标。一般(只是一个大致的分类)将 I/O 总点数在 64 点及以下的称为微型 PLC;总点数在 64～256 点之间的称为小型 PLC;总点数在 256～2048 点之间的为中型 PLC;总点数在 2048 点以上的为大型 PLC。

当一个 PLC 中心单元的 I/O 点数不够用时,可以对系统进行扩展。PLC 的扩展接口就是用于连接中心基本单元与扩展单元的。

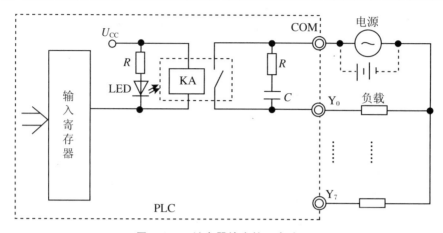

图 1.7.3 继电器输出接口电路图

（4）编程器。

这是开发应用和检查维护 PLC 以及监控系统运行不可缺少的外部设备。它的主要作用是用于用户程序的编制、编辑、调试、检查和监视。还可以通过其键盘来调用与显示 PLC 的一些内部状态和系统参数。它通过通信端口与 CPU 联系，完成人机对话连接。

编程器上有供编程用的各种功能键和显示灯，以及编辑、监控转换开关。编程器的键盘采用梯形图语言键符或命令语言助记键符，也可以采用软件指定的功能键符，通过屏幕对话方式进行编程。

编程器有简易型和智能型两大类。前者只能联机编程，且只能使用语句表方式编程；而后者既可联机编程，又可脱机编程，可直接利用梯形图方式编程。简易型编程器体积小、重量轻，可随身携带，便于在生产现场使用；智能型编程器又称为图形编程器，主要缺点是体积大、价格高，不便于在生产现场使用。一般的小型 PLC 主要采用简易型编程器。

编程器是专用的，不同型号的 PLC 都有自己专用的编程器，不能通用。PLC 正常工作时，一般不需要编程器。因此，多个同型号的 PLC 可以只配一个编程器。

另外也可以利用计算机作为编程器，这时计算机应配有相应的硬件接口和 PLC 编程软件。PLC 编程软件的功能很强，它可以编辑、修改用户程序，监控系统运行，打印文件，采集和分析数据，在屏幕上显示系统运行状态状况，对工业现场和系统进行仿真，将程序存储在磁盘上，实现计算机和 PLC 之间的程序相互传送，等等。

（5）电源。

PLC 电源一般采用 AC 220 V 或 DC 24 V。电源单元包括系统的电源及后备电池，内部的开关电源为各模块提供不同电压等级的直流电源。小型 PLC 可以为输入电路和外部的传感器提供 DC 24 V 电源，驱动 PLC 负载的直流电源一般由用户提供。PLC 电源在整个系统中起着十分重要的作用。

2．PLC 的工作原理

在继电器控制电路中，当某些梯级同时满足导通条件时，这些梯级中的继电器线圈会同时通电，也就是说，继电器控制电路是一种并行工作方式。PLC 是采用循环扫描的工作方式，在 PLC 执行用户程序时，CPU 对用户程序（梯形图）自上而下、自左向右地逐次进行扫描，程序的执行是按语句排列的先后顺序进行的。这样，PLC 梯形图中各线圈状态的变化在时间上是串行的,不会出现多个线圈同时改变状态的情况,这是 PLC 控制与继电器控制最主要的区别。

　　一般而言,PLC 的扫描过程分为内部处理(自诊断)、通信操作、输入采样、用户程序执行、输出刷新等阶段。全过程扫描一次所需的时间称为扫描周期。PLC 的扫描周期通常为几十毫秒。当 PLC 处于停止状态时,只进行内部处理和通信操作服务等内容。在 PLC 处于运行状态时,从内部处理、通信操作、输入采样、执行用户程序、输出刷新一直循环扫描工作。另外有些 PLC 可以设定扫描周期为固定值,关于扫描周期设置的注意事项,可参考相应 PLC 的编程手册。

　　(1)自诊断阶段。

　　每次扫描开始,先执行一次自诊断程序,对各输入点、输出点、存储器和 CPU 等进行诊断,诊断的方法通常是测试出各部分的当前状态,并与正常的标准状态进行比较,若两者一致,说明各部分工作正常;若不一致则认为有故障,此时,PLC 立即启动关机程序,保留当前工作状态,并关断所有输出点,然后停机。

　　(2)通信操作阶段。

　　自诊断结束后,如没有发现故障,PLC 将继续向下执行,检查是否有编程器等的通信请求,如果有则进行相应的处理,比如接受编程器发来的命令,把要显示的状态数据、出错信息送给编程器显示等。

　　(3)输入采样阶段。

　　执行完通信操作后,PLC 继续向下执行,进入输入采样阶段。在此阶段 PLC 以扫描方式依次地读入所有输入状态和数据,并将它们存入输入映像存储器中相应的单元内。输入采样结束后,转入用户程序执行和输出刷新阶段。在这两个阶段中,不再对输入状态和数据进行扫描,因此即使输入状态和数据发生了变化,输入映像存储器中相应单元的状态和数据也不会改变,这种变化只有在下一个扫描周期的输入采样阶段才能被读入。因此,如果输入的是脉冲信号,则该脉冲信号的宽度必须大于一个扫描周期,才能保证在任何情况下,该脉冲信号均能被读入。

　　(4)用户程序执行阶段。

　　在用户程序执行阶段,PLC 总是按自上而下、自左向右的顺序对用户程序进行逻辑运算。在整个用户程序执行过程中,输入点在输入映像存储器内的状态和数据不会发生变化,而输出点和软设备在输出映像存储器或系统 RAM 存储器内的状态和数据都有可能发生变化,而且排在上面的梯形图,其程序执行结果会对排在下面的用到这些状态和数据的梯形图起作用;相反,排在下面的梯形图,其被刷新的状态或数据只能到下一个扫描周期才能对排在其上面的程序起作用。

　　(5)输出刷新阶段。

　　当 PLC 执行完用户程序的所有指令后,在本阶段将输出映像存储器中的内容送入输出锁存器中,驱动现场执行元件工作。

　　同输入采样阶段类似,PLC 对所有外部信号的输出是统一进行的,在用户程序执行阶段,输出映像存储器的内容发生改变将不会影响现场执行元件的工作,直到输出刷新阶段将输出映像存储器的内容集中输出,现场执行元件的状态才会发生相应的改变。

3. PLC 的 I/O 响应时间

PLC 的应用程序执行时,使用过程映像存储器(输入映像存储器和输出映像存储器)会比使用直接访问输入、输出具有优越性。之所以这样有以下 3 个原因:

(1) 所有输入点的采样是在扫描周期的一开始同步进行的。在整个扫描周期的程序执行过程中输入值被冻结。而输出点按照映像存储器中的值刷新是在程序执行完成之后。这样会使系统更加稳定。

(2) 访问映像存储器的速度比直接访问 I/O 点要快,有利于子程序快速运行。

(3) I/O 点是位实体,只能按位或者字节来访问,但是可以按位、字节、字或者双字的形式访问映像存储器。通过这种方式,映像存储器将提供额外的灵活性。

由于 PLC 采用循环扫描的工作方式,而且对输入和输出信号只在每个扫描周期的固定时间集中输入/输出,所以必然会产生输出信号相对输入信号滞后的现象。扫描周期越长,滞后现象越严重。对于一般工业设备来说,这些滞后现象是允许的。但对于某些设备而言,当需要输入/输出做出快速响应时,则需要采用快速响应模块(立即输入指令、立即输出指令等)、高速计数模块、中断处理以及程序优化等措施来减少滞后时间。产生输入/输出滞后的原因有以下 3 个方面:

(1) 输入滤波器有时间常数。

输入电路中的滤波器对输入信号有延迟作用,时间常数越大延迟作用越大。

(2) 输出继电器有机械滞后。

从输出继电器的线圈通电到其触点闭合有一段时间,这是输出电路的硬件参数,继电器输出时间一般为 15 ms 左右。

(3) 用户程序执行、系统自诊断、I/O 刷新要占用时间。

用户程序执行所用时间和程序的长短、指令的复杂程度、程序设计安排有关。系统自诊断、I/O 刷新所占用时间基本不变。

7.2　S7-200 系统概述

1. S7-200 的功能概述

德国的西门子(SIEMENS)公司是欧洲最大的电子和电气设备制造商,生产的 SIMATIC 可编程控制器在欧洲处于领先地位。其第一代可编程控制器是于 1975 年投放市场的 SIMATIC S3 系列的控制系统;1979 年,微处理器技术被应用到可编程控制器中,产生了 SIMATIC S5 系列;1996 年又推出了 S7 系列产品,它包括小型 PLC S7-200、中型 PLC S7-300 和大型 PLC S7-400。S7-200 系列 PLC 是一类小型 PLC,其外观如图 1.7.4 所示。S7-200 PLC 的主要特点如下:

(1) 系统集成方便,安装简单,能按搭积木方式进行系统配置,功能扩展灵活方便。

(2) 运算速度快,基本逻辑控制指令的执行时间为 0.22 μs。

(3) 有很强的网络功能,可用多个 PLC 连接成工业网络,构成完整的过程控制系统,可实现总线联网,也可实现点到点通信。

（4）允许使用相关的程序软件包及工业通信网络软件,编制工具更为开放,人机界面十分友好。

（5）输入/输出通道响应速度快。系统内部集成的高速计数输入与高速脉冲输出,最高输出频率可达到 100 kHz。

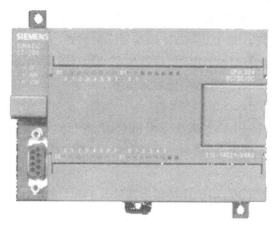

图 1.7.4　S7-200 系列 PLC 的外观图

由于 S7-200 系列 PLC 具有紧凑的设计、良好的扩展性、低廉的价格和强大的指令系统,使得它能近乎完美地满足小规模的控制要求,适用于各行各业、各种场合中的检测、监测及控制的自动化。S7-200 系列的强大功能使其无论在独立运行中,或相连成网络,皆能实现复杂的控制功能。另外,其丰富的 CPU 类型及电压等级,使其在解决用户的自动化问题时具有很强的适应性。

2.S7-200 的系统构成

S7-200 系列 PLC 将一个微处理器、存储器、若干 I/O 点和一个集成电源集成在一个紧凑的机壳内,统称为 CPU 模块,是 PLC 的主要部分,其外形如图 1.7.5 所示。

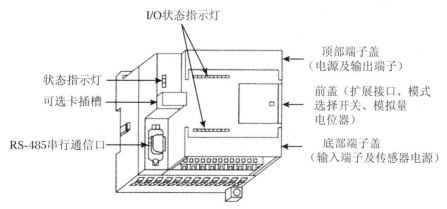

图 1.7.5　S7-200 PLC CPU 模块外形图

图中各部分功能如下:

（1）状态指示灯。

位于机身左侧,显示 CPU 的工作状态,共有 3 个指示灯:SF(System Fault,系统错误)、RUN(运行)、STOP(停止)。

(2) 可选卡插槽。

可以根据需要插入 E^2 PROM 卡、时钟卡和电池卡中的一个。外插卡需单独订货。

外插存储卡可用来保存 PLC 内的程序和重要数据等作为备份,最新存储卡 E^2 PROM 有 6ES7 291-8GF23-0XA0 和 6ES7 291-8GH23-0XA0 两种,容量分别为 64 KB 和 256 KB。

时钟卡可用于 CPU 221 和 CPU 222,以提供实时时钟功能,卡中包括了后备电池。

外插电池卡可为所有类型的 CPU 提供数据保持的后备电池。电池卡可与 PLC 内置的超级电容配合,电池在超级电容放电完毕后起作用。

(3) RS-485 串行通信口。

位于机身的左下部,是 PLC 主机实现人机对话、机机对话的通道,实现 PLC 与上位计算机的连接,实现 PLC 与 PLC、编程器、彩色图形显示器、打印机等外部设备的连接。

(4) 电源及输出端子。

位于机身顶部端子盖下边,用于连接输出器件及电源,输出端子的运行状态可以由顶部端子盖下方的一排 I/O 状态指示灯显示,ON 状态时对应的指示灯亮。为了方便接线有些机型(如 CPU 224、CPU 226)采用可插拔整体端子。

(5) 输入端子及传感器电源。

位于机身底部端子盖下边,输入端子的运行状态可以由底部端子盖上方的一排 I/O 状态指示灯显示,ON 状态时对应的指示灯亮。

(6) 扩展接口、模式选择开关、模拟量电位器。

该部分位于机身中部右侧前盖下。扩展接口提供 PLC 主机与输入、输出扩展模块的接口,做扩展系统之用,主机与扩展模块之间用扩展电缆连接。模式选择开关具有 RUN(运行)、STOP(停止)及 TERM(监控)等 3 种状态。将开关拨向"STOP"位置时,PLC 处于停止状态,此时可以对其编写程序;将开关拨向"RUN"位置时,PLC 处于运行状态,此时不能对其编写程序;将开关拨向"TERM"位置时,在运行程序的同时还可以监视程序运行的状态。模拟量电位器用来改变特殊寄存器(SMB 28、SMB 29)中的数值,以改变程序运行时的参数,如定时器、计数器的预置值、过程量的控制参数等。

3. CPU 模块的技术指标

从 CPU 模块的功能来看,SIMATIC S7-200 系列小型可编程控制器发展至今,大致经历了下面两代产品。

第一代产品:其 CPU 模块为 CPU 21X,主机都可进行扩展。S7-21X 系列有 CPU 212、CPU 214、CPU 215 和 CPU 216 等几种型号。

第二代产品:其 CPU 模块为 CPU 22X,是在 21 世纪初投放市场的,速度快,具有较强的通信能力。S7-22X 系列主要有 CPU 221、CPU 222、CPU 224、CPU 226 和 CPU 224XP 等几种型号,除 CPU 221 之外,其他都可加扩展模块。

2004 年,西门子公司推出了 S7-200 CN 系列 PLC,是专门针对中国市场的产品。

对于每个型号而言,有 DC 24 V 和 AC(120～220)V 两种电源供电的 CPU 类型。

(1) DC/DC/DC:说明 CPU 是直流供电,直流数字量输入,数字量输出点是晶体管直流电路的类型。

（2）AC/DC/Relay：说明 CPU 是交流供电，直流数字量输入，数字量输出点是继电器触点的类型。

对于 S7-200 CPU 上的输出点来说，凡是 DC 24 V 供电的 CPU 都是晶体管输出，AC 220 V 供电的 CPU 都是继电器接点输出。

不同型号的 CPU 模块具有不同的规格参数。表 1.7.1 为 CPU 22X 系列的技术指标。

表 1.7.1　S7-200 CPU 22X 系列的技术指标

特性		CPU 221	CPU 222	CPU 224	CPU 224XP	CPU 226
外形尺寸		90 mm×80 mm×62 mm		120.5 mm×80 mm ×62 mm	140 mm×80 mm ×62 mm	190 mm×80 mm ×62 mm
程序存储器	运行模式下能编辑	4 KB	4 KB	8 KB	12 KB	16 KB
	运行模式下不能编辑	4 KB	4 KB	12 KB	16 KB	24 KB
数据存储器		2 KB	2 KB	8 KB	10 KB	10 KB
掉电保持时间（电容）		50 小时		100 小时		
本机 I/O	数字量	6 入/4 出	8 入/6 出	14 入/10 出	14 入/10 出	24 入/16 出
	模拟量	无	无	无	2 入/1 出	无
扩展模块数量		0	2	7	7	7
高速计数器		共 4 路	共 4 路	共 6 路	共 6 路	共 6 路
单相		4 路 30 kHz	4 路 30 kHz	6 路 30 kHz	4 路 30 kHz 2 路 200 kHz	6 路 30 kHz
双相		2 路 20 kHz	2 路 20 kHz	4 路 20 kHz	3 路 20 kHz 1 路 100 kHz	4 路 20 kHz
脉冲输出（DC）		2 路 20 kHz			2 路 100 kHz	2 路 20 kHz
模拟电位器		1	1	2	2	2
实时时钟		配时钟卡	配时钟卡	内置	内置	内置
通信口		1 RS-485	1 RS-485	1 RS-485	2 RS-485	2 RS-485
浮点数运算		有				
数字量 I/O 映像区		128 入/128 出				
模拟量 I/O 映像区		无	16 入/16 出	32 入/32 出		
布尔指令执行速度		0.22 μs /指令				
供电能力	DC 5 V	0 mA	340 mA	660 mA		1000 mA
	DC 24 V	180 mA	180 mA	280 mA		400 mA

4. CPU 模块的接线方式

S7-200 系列 CPU 模块端子接线基本相同，例如 S7-200 CPU 222 端子接线如图 1.7.6 所示。左边为 CPU 222DC/DC/DC 型，即直流供电，直流数字量输入，数字量输出点是晶体管直流电路的类型。机身下端为输入端子及 DC 24 V 电源输出端子,8 路输入分为两组,均为 DC 24 V,支持源型和漏型输入方式,1 M 和 2 M 为各组的电源公共端。机身上端为输出及电源端子。目前,晶体管输出点只有源型输出一种。

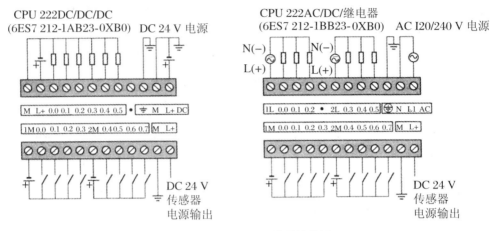

图 1.7.6　CPU 222 端子接线图

右边为 CPU 222AC/DC/Relay 型,即交流供电,直流数字量输入,数字量输出点是继电器电路的类型。输入电路和直流供电的完全相同,输出点既可以接直流信号,也可以接 AC 120 V/240 V。

5. CPU 模块的通信接口

S7-200 CPU 模块机身的左下部有 RS-485 的串行通信接口,该接口与 Profibus 接口兼容。该接口是 PLC 主机实现人机对话、机机对话的通道,实现 CPU 与上位计算机的连接,实现 PLC 与 PLC、编程器、彩色图形显示器、打印机等外部设备的连接。

S7-200 CPU 主机上的通信口支持 PPI、MPI、Profibus DP 和自由口协议(CPU 221 不支持 Profibus DP 协议)。通信接口可以用于与运行编程软件的计算机通信,与文本显示器 TD200 和操作员界面 OP 的通信,以及 S7-200 CPU 之间的通信;通过自由口通信协议和 Modbus 协议,可以与其他设备进行串行通信;通过 As-i 通信接口模块,可以接入 496 个远程数字量输入/输出。

S7-200 CPU 为了扩展 I/O 点和执行特殊的功能,可以连接扩展模块(CPU 221 除外)。扩展模块主要有以下 4 类:

(1) 数字量 I/O 模块。

(2) 模拟量 I/O 模块。

(3) 通信模块。

(4) 特殊功能模块。

6. 数字量 I/O 扩展模块

(1) 数字量 I/O 扩展模块的分类。

数字量 I/O 扩展模块用来扩展 S7-200 系统的数字量 I/O 数量。根据不同的控制需要,可以选取 8 点、16 点和 32 点的数字量 I/O 扩展模块。连接时,CPU 模块放在最左侧,扩展模块用扁平电缆与左侧的模块相连。数字量 I/O 扩展模块主要分为数字量输入模块(EM221)、数字量输出模块(EM222)及数字量输入/输出模块(EM223),如表 1.7.2 所示。

表 1.7.2 数字量 I/O 扩展模块

型　　号	各组输入点数	各组输出点数
EM221 8 点 DC 24 V 输入	4,4	无
EM221 8 点 AC 120/230 V 输入	8 点相互独立	无
EM221 16 点 DC 24 V 输入	4,4,4,4	无
EM222 4 点 DC 24 V 输出 5 A	无	4 点相互独立
EM222 4 点继电器输出 10 A	无	4 点相互独立
EM222 8 点 DC 24 V 输出	无	4
EM222 8 点继电器输出	无	4,4
EM222 8 点 AC 120/230 V 输出	无	8 点相互独立
EM223 DC 4 输入/DC 4 输出	4	4
EM223 DC 8 输入/继电器 8 输出	4,4	4,4
EM223 DC 8 输入/DC 8 输出	4,4	4,4
EM223 DC 16 输入/DC 16 输出	8,8	4,4,8
EM223 DC 16 输入/继电器 16 输出	8,8	4,4,4,4

（2）数字量 I/O 扩展模块的输入、输出规范。

分别见表 1.7.3 和表 1.7.4。

表 1.7.3 数字量 I/O 扩展模块输入规范

常　　规	DC 24 V 输入	AC 120/230 V 输入（47～63 Hz）
输入类型	漏型/源型（IEC 类型 1 漏型）	IEC 类型 1
额定电压	DC 24 V,4 mA	AC 120 V,6 mA 或 AC 230 V,9 mA
最大持续允许电压	DC 30 V	AC 264 V
浪涌电压（最大）	DC 35 V,0.5 s	—
逻辑 1（最小）	DC 15 V,2.5 mA	AC 79 V,2.5 mA
逻辑 0（最大）	DC 5 V,1 mA	AC 20 V 或 AC 1 mA
输入延时（最大）	4.5 ms	15 ms
连接 2 线接近传感器允许的漏电流（最大）	1 mA	AC 1 mA
光电隔离	AC 500 V,1 min	AC 1500 V,1 min
电缆长度（最大）	屏蔽 500 m,非屏蔽 300 m	

表 1.7.4　数字量 I/O 扩展模块输出规范

数字量输出规范	DC 24 V 输出	继电器输出		AC 120/230 V 输出
	0.75 A	2 A	10 A	
输出类型	固态-MOSFET(信号源)	干触点		直通
额定电压	DC 24 V	DC 24 V 或 AC 250 V		AC 120/230 V
电压范围	DC(20.4~28.8)V	DC(5~30)V 或 AC(5~250)V	DC(12~30)V 或 AC(12~250)V	AC(40~264)V (47~63 Hz)
浪涌电流 (最大值)	8 A,100 ms	5 A,4 s, 10%占空比	15 A,4 s, 10%占空比	5 A/ms,2 AC 周期
逻辑 1(最小值)	DC 20 V,最大电流			L1(-0.9 V/ms)
逻辑 0(最大值)	DC 0.1 V, 10 kΩ 负载			
每点额定 电流(最大值)	0.75 A	2 A	阻性 10 A; 感性 DC 2 A; 感性 AC 3 A	0.5 A,AC
公共端额定 电流(最大值)	6 A	8 A	10 A	0.5 A,AC
漏电流(最大值)	10 μA			AC 132 V 是 1.1 mA/ms AC 264 V 是 1.8 mA/ms
灯负载(最大值)	5 W	DC 30 W AC 200 W	DC 100 W AC 1000 W	60 W
接通电阻(接点)	典型 0.3 Ω (最大 0.6 Ω)	最小 0.2 Ω, 新的时候	最小 0.1 Ω, 新的时候	最大 410 Ω, 当负载电流小于 0.05 A 时
延时断开到接通 /接通到断开	150 μs/200 μs			0.2 ms+1/2 AC 周期
延时切换 (最大值)		10 ms	15 ms	
脉冲频率 (最大值)		1 Hz	1 Hz	10 Hz
机械寿命周期		1000 万次(空载)	3000 万次(空载)	
触点寿命		10 万次 (额定负载)	3 万次 (额定负载)	
电缆长度 (最大值)	屏蔽 500 m,非屏蔽 150 m			

注：(1) 当一个机械触点接通 S7-200 CPU 或任意扩展模块的供电时,它发送一个大约 50 ms 的"1"信号到数字输出,需要考虑这一点。

(2) 如果因为过多的感性开关或不正常的条件而引起输出过热,输出点可能关断或被损坏。如果输出在关断一个感性负载时遭受大于 0.7 J 的能量,那么输出将可能过热或被损坏。为了消除这个限制,可以将抑制电路和负载并联在一起。

(3) 如果是灯负载,继电器使用寿命将降低 75%,除非采取措施将接通浪涌降低到输出的浪涌电流额定值以下。

(4) 灯负载的瓦特额定值是指额定电压情况。

(3) 数字量 I/O 扩展模块的接线。

数字量 I/O 扩展输入模块有直流输入模块和交流输入模块两种,而直流输入模块又有漏型和源型两种接法,相应的接线如图 1.7.7 所示。

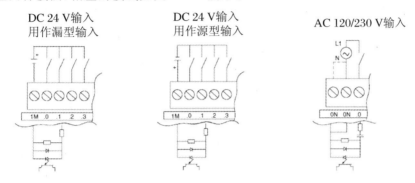

图 1.7.7　数字量扩展输入模块接线图

数字量输出模块分为直流输出模块、交流输出模块、继电器输出(交直流均可)模块三种,相应的接线如图 1.7.8 所示。

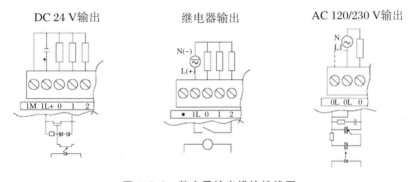

图 1.7.8　数字量输出模块接线图

7. 模拟量 I/O 扩展模块

(1) 模拟量 I/O 扩展模块的分类和技术规范。

生产过程中许多用连续变化的形式表示流量、温度、压力等工艺参数的大小的电压、电流信号就是模拟量信号,这些信号在一定范围内连续变化,如 $-10\sim+10$ V 电压,或者 $4\sim20$ mA 电流。

S7-200 不能直接处理模拟量信号,必须通过专门的硬件接口,把模拟量信号转换成 CPU 可以处理的数据,或者将 CPU 运算得出的数据转换为模拟量信号。数据的大小与模拟量信号的大小有关,数据的地址由模拟量信号的硬件连接所决定。用户程序通过访问模拟量信号对应的数据地址,获取或输出真实的模拟量信号。S7-200 提供了专用的模拟量模块来处理模拟量信号。① EM231:4 路模拟量输入(电压或电流),输入信号的范围由 DIP 开关 SW1、SW2、SW3 设定。② EM232:2 路模拟量输出(电压或电流)。③ EM235:4 路模拟量输入(电压或电流),1 路模拟量输出(电压或电流),量程由 DIP 开关 SW1~SW6 设定。

具体的设定方法见《S7-200 系统手册》，建议 EM231 和 EM235 模块不用于热电偶。表1.7.5 和表 1.7.6 是模拟量扩展模块输入和输出规范。

表 1.7.5　模拟量扩展模块输入规范

常　　　规		EM231	EM235
数据格式	双极性,满量程	− 32767～ + 32767	
	单极性,满量程	0～32767	
DC 输入阻抗		≥10 MΩ 电压输入,250 Ω 电流输入	
输入滤波衰减		− 3 dB,3.1 kHz	
最大输入电压		DC 30 V	
最大输入电流		32 mA	
精度,双极性/单极性		11 位,加 1 符号位/12 位	
输入类型		差分	
输入电压范围	单极性	可选 0～10 V、0～5 V	可选 0～10 V、0～5 V、0～1 V、0～0.5 V、0～0.1 V 和 0～0.05 V
	双极性	± 5 V、± 2.5 V	± 10 V、± 5 V、± 2.5 V、± 1 V、± 0.5 V、± 0.25 V、± 0.1 V、± 0.05 V、± 0.025 V
	电流	0～20 mA	0～20 mA
输入电压分辨率	单极性	2.5 mV(0～10 V)、1.25 mV(0～5 V)	2.5 mV(0～10 V)、1.25 mV(0～5 V)、250 μV(0～1 V)、125 μV(0～0.5 V)、25 μV(0～0.1 V)、12.5 μV(0～0.05 V)
	双极性	2.5 mV(± 5 V)、1.25 mV(± 2.5 V)	5 mV(± 10 V)、2.5 mV(± 5 V)、1.25 mV(± 2.5 V)、0.5 mV(± 1 V)、250 μV(± 0.5 V)、125 μV(± 0.25 V)、50 μV(± 0.1 V)、25 μV(± 0.05 V)、12.5 μV(± 0.025 V)
输入电流分辨率		5 μA (0～20 mA)	
模拟到数字转换时间		<250 μs	
模拟输入阶跃响应		0.95～1.5 ms	
共模抑制		40 dB,0～60 Hz	
共模电压		信号电压加共模电压必须≤± 12 V	
DC 24 V 电压范围		DC (20.4～28.8)V(等级 2,有限电源,或来自 PLC 的传感器电源)	

表 1.7.6　模拟量扩展模块输出规范

常　规		EM232	EM235
信号范围	电压输出	±10 V	
	电流输出	0～20 mA	
分辨率(满量程):电压/电流		11 位,加 1 符号位/11 位	
数据字格式	电压	−32767～+32767	
	电流	0～32767	
精度(25 ℃)	电压输出	±0.5%满量程	
	电流输出	±0.5%满量程	
稳定时间	电压输出	100 μs	
	电流输出	2 ms	
最大驱动	电压输出	5000 Ω 最小	
	电流输出	500 Ω 最大	
DC 24 V 电压范围		DC(20.4～28.8)V(等级 2,有限电源,或来自 PLC 的传感器电源)	

(2)模拟量扩展模块的接线。

EM231 的外部接线如图 1.7.9 所示。EM231 上部共有 12 个端子,每 3 个点为一组,共 4 组。每组可作为一路模拟量的输入通道(电压信号或电流信号),未用的输入通道应短接 (图中的 B+ 和 B−、D+ 和 D−)。电压信号用两个端子(图中的 A+、A−),电流信号用 3 个端子,其中 RX 与 X+ 端子短接(图中的 C 通道)。该模块需要 DC 24 V 供电(M、L+ 端)。可由 CPU 模块的传感器电源 DC 24 V/400 mA 供电,也可由用户提供外部电源。一般说来电压信号比电流信号更容易受到干扰,并且电流信号传输的距离更长。

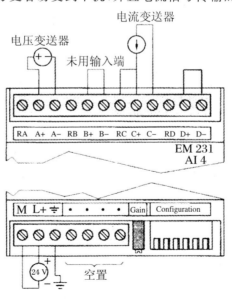

图 1.7.9　EM231 的外部接线图

EM231 右端分别是校准电位器和配置 DIP 设定开关。如果没有精确的测量手段和信号源,不要对校准电位器进行调整。表 1.7.7 所示为如何使用 DIP 开关来配置 EM231 模块。该表中,ON 表示闭合,OFF 表示断开。EM231 只在电源接通时读取开关设置。

表 1.7.7　EM231 选择模拟量量程的开关配置表

单　极　性			满量程输入	分辨率
SW1	SW2	SW3		
ON	OFF	ON	0~10 V	2.5 mV
	ON	OFF	0~5 V	1.25 mV
			0~20 mA	5 μA
双　极　性			满量程输入	分辨率
SW1	SW2	SW3		
OFF	OFF	ON	±5 V	2.5 mV
	ON	OFF	±2.5 V	1.25 mV

图 1.7.10(a) 为 EM232 的外部接线图。EM232 从左端起的每 3 个点为一组,共两组。每组可作为一路模拟量输出(电压或电流信号)。第一组 V0 端接电压负载、I0 端接电流负载,M0 为公共端。第二组的接法和第一组类同。图 1.7.10(b) 为 EM235 的外部接线图,其模拟量输入和模拟量输出的接法和 EM231、EM232 类同。EM235 开关配置表可参见系统手册。

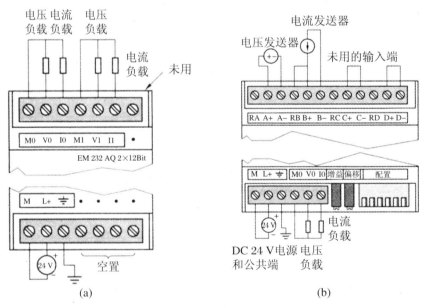

图 1.7.10　EM232 和 EM235 外部接线图

8．温度测量扩展模块

温度测量扩展模块可以直接连接 TC(热电偶)和 RTD(热电阻)以测量温度。它们各自都可以支持多种热电偶和热电阻,使用时只需简单设置就可以直接得到温度数据。①

EM231 TC:4 输入通道热电偶输入模块。② EM231 RTD:2 输入通道热电阻输入模块。表 1.7.8 为其常规规范。

表 1.7.8　温度测量扩展模块常规规范

模块名称	尺寸		重量	功耗	电源要求	
	W×H×D				DC 5 V	DC 24 V
EM231 TC	71.2 mm×80 mm×62 mm		210 g	1.8 W	87 mA	60 mA
EM231 RTD	71.2 mm×80 mm×62 mm		210 g	1.8 W	87 mA	60 mA

9．特殊功能模块

S7-200 系统提供了一些特殊模块,用以完成特定的任务。例如 EM277 PROFIBUS - DP 通信模块、EM253 位控模块、EM241 MODEM 模块、CP243-1 工业以太网模块、CP243-1IT 因特网模块、CP243-2 AS 接口模块。各模块的选择和使用参见系统手册。

S7-200 CPU 和扩展模块都需要电源供电。S7-200 CPU 所需的外部电源有交流和直流两种类型,CPU 内部具有内部电源,可为 CPU 模块自身、扩展模块等提供 DC 5 V、DC 24 V 电源。扩展模块通过与 CPU 连接的总线连接电缆取得 5 V 直流电源。每个 CPU 模块向外提供的 DC 24 V 电源从电源输出点(L + 、M)引出。此电源可为 CPU 模块和扩展模块上的输入、输出点供电,也为一些特殊或智能模块提供电源。此电源还从 S7-200 CPU 模块上的通信口输出,提供给 PC/PPI 编程电缆,或 TD200 文本显示操作界面等设备。S7-200 CPU 供电能力如表 1.7.9 所示。

表 1.7.9　S7-200 CPU 供电能力

CPU 模块型号	DC 5 V	DC 24 V
CPU 221	不能加扩展模块	180 mA
CPU 222	340 mA	180 mA
CPU 224	660 mA	280 mA
CPU 226/CPU 226XM	1000 mA	400 mA

由表 1.7.9 可见,不同规格的 CPU 模块的供电能力不同。每个实际应用项目都应对电源容量进行规划计算。

每个扩展模块都需要 DC 5 V 电源,应当检查所有扩展模块的 DC 5 V 电源需求是否超出 CPU 模块的供电能力,如果超出,就必须减少或改变模块配置。

有些扩展模块需要 DC 24 V 电源供电,I/O 点也可能需要 DC 24 V 供电,TD200 等也需要 DC 24 V 电源。这些电源也要根据 CPU 的供电能力进行计算。如果所需电源容量超出 CPU 电源的额定容量,就需要增加外接 DC 24 V 电源。

S7-200 CPU 模块的 DC 24 V 电源不能与外接的 DC 24 V 电源并联,这种并联会使一个或两个电源失效,并使 PLC 产生不正确的操作,但上述两个电源必须共地。

7.3　S7-200 PLC 编程基础

7.3.1　S7-200 PLC 程序的结构

S7-200 PLC 的程序分为 3 种,即主程序、子程序、中断程序。

主程序是程序的主体,一个项目只能有一个主程序,缺省名称为 OB1(主程序、子程序和中断程序的名称用户可以修改)。在主程序中可以调用子程序和中断程序,CPU 在每个扫描周期都要执行一次主程序。

子程序是可以被其他程序调用的程序,可以达到 64 个,缺省名称分别为 SBR0～SBR63。使用子程序可以提高编程效率且便于移植。

中断程序用来处理中断事件,可以达到 128 个,缺省名称分别为 INT0～INT127。中断程序不是由用户调用的,而是由中断事件引发的。在 S7-200 PLC 中能够引发中断的事件有输入中断、定时中断、高速计数器中断、通信中断等。

7.3.2　S7-200 PLC 的数据区

S7-200 PLC 的数据区可分为 13 个部分,即输入映像存储器 I、输出映像存储器 Q、模拟量输入映像存储器 AI、模拟量输出映像存储器 AQ、变量存储器 V、局部存储器 L、位存储器 M、特殊存储器 SM、定时器存储器 T、计数器存储器 C、高速计数器存储器 HC、顺序控制继电器 S 及累加器 AC。其中 I、Q、V、M、SM、L、S 均可以按位、字节、字和双字来存取。

1. 输入映像存储器 I

在每个扫描周期的输入采样阶段,CPU 对输入点进行采样,并将采样值存于输入映像存储器 I 中。输入映像存储器 I 中的每一位对应于一个数字量输入结点。PLC 在执行用户程序过程中,不再采样输入结点的状态,它所处理的数据为输入映像存储器中的值。

输入映像存储器可以按位、字节、字、双字 4 种方式来存取。

(1) 按位方式:每个位地址包括存储器标识符、字节地址及位号 3 部分。存储器标识符为"I",字节地址为整数部分,位号为小数部分。例如 I0.0 表示输入映像存储器中第 0 个字节的第 0 位,I15.7 表示输入映像存储器中第 15 个字节的第 7 位。

(2) 按字节方式:每个字节地址包括存储器字节标识符和字节地址两部分。存储器字节标识符为"IB",字节地址为整数部分。例如 IB0 表示输入映像存储器中的第 0 个字节,它由 I0.0～I0.7 这 8 位组成,I0.0 为最低位,I0.7 为最高位。

(3) 按字方式:每个字地址包括存储器字标识符和字地址两部分。存储器字标识符为"IW",字地址为整数部分。相邻的两个字节组成 1 个字,且低位字节在 1 个字中应该是高 8位,高位字节在 1 个字中应该是低 8 位。例如 IW0 由 IB0 和 IB1 两个字节组成,IB0 为高 8位,IB1 为低 8 位。

（4）按双字方式：每个双字地址包括存储器双字标识符和双字地址两部分。存储器双字标识符为"ID"，双字地址为整数部分。相邻的 4 个字节组成 1 个双字，最低位字节在 1 个双字中应该是最高 8 位。例如 ID0 由 IB0、IB1、IB2、IB3 这 4 个字节组成，IB0 为最高 8 位，IB3 为最低 8 位。

2．输出映像存储器 Q

在每个扫描周期的输出刷新阶段，PLC 将输出映像存储器 Q 中的数据送到各输出模块，再由后者驱动外部负载。输出映像存储器 Q 中的每一位对应一个输出量结点。

输出映像存储器可以按位、字节、字、双字 4 种方式来存取。

（1）按位方式：每个位地址包括存储器标识符、字节地址及位号 3 部分。存储器标识符为"Q"，字节地址为整数部分，位号为小数部分。例如 Q0.0 表示输出映像存储器中第 0 个字节的第 0 位。

（2）按字节方式：每个字节地址包括存储器字节标识符和字节地址两部分。存储器字节标识符为"QB"，字节地址为整数部分。例如 QB0 表示输出映像存储器中的第 0 个字节。

（3）按字方式：每个字地址包括存储器字标识符和字地址两部分。存储器字标识符为"QW"，字地址为整数部分。相邻的两个字节组成 1 个字，且低位字节在 1 个字中应该是高 8 位，高位字节在 1 个字中应该是低 8 位。例如 QW0 由 QB0 和 QB1 两个字节组成，QB0 为高 8 位，QB1 为低 8 位。

（4）按双字方式：每个双字地址包括存储器双字标识符和双字地址两部分。存储器双字标识符为"QD"，双字地址为整数部分。相邻的 4 个字节组成 1 个双字，最低位字节在 1 个双字中应该是最高 8 位。例如 QD0 由 QB0、QB1、QB2、QB3 这 4 个字节组成，QB0 为最高 8 位，QB3 为最低 8 位。

3．模拟量输入映像存储器 AI

S7-200 将模拟量值（例如温度或电压）转换成 1 个字长（2 个字节）的数字量，可以用区域标识符（AI）、数据长度（W）及字节的起始地址来存取这些值。因为模拟输入量为 1 个字长，且从偶数位字节（如 0，2，4）开始，所以必须用偶数字节地址（如 AIW0，AIW2，AIW4）来存取这些值。模拟量输入值为只读数据。

4．模拟量输出映像存储器 AQ

S7-200 把 1 个字长（2 个字节）数字值按比例转换为电流或电压。可以用区域标识符（AQ）、数据长度（W）及字节的起始地址来改变这些值。因为模拟量为 1 个字长，且从偶数字节（如 0，2，4）开始，所以必须用偶数字节地址（如 AQW0，AQW2，AQW4）来改变这些值。模拟量输出值只写数据。

5．变量存储器 V

变量存储器 V 用于保存程序执行过程中控制逻辑操作的中间结果，或用来保存与工序或任务相关的其他数据。

变量存储器 V 可以按位、字节、字、双字 4 种方式来存取。

（1）按位方式：每个位地址包括存储器标识符、字节地址及位号 3 部分。存储器标识符为"V"，字节地址为整数部分，位号为小数部分。例如 V0.0 表示变量存储器中第 0 个字节的第 0 位。

（2）按字节方式：每个字节地址包括存储器字节标识符和字节地址两部分。存储器字节标识符为"VB",字节地址为整数部分。例如 VB0 表示变量存储器中的第 0 个字节。

（3）按字方式：每个字地址包括存储器字标识符和字地址两部分。存储器字标识符为"VW"，字地址为整数部分。相邻的两个字节组成 1 个字，且低位字节在 1 个字中应该是高 8 位，高位字节在 1 个字中应该是低 8 位。例如 VW0 由 VB0 和 VB1 两个字节组成，VB0 为高 8 位，VB1 为低 8 位。

（4）按双字方式：每个双字地址包括存储器双字标识符和双字地址两部分。存储器双字标识符为"VD"，双字地址为整数部分。相邻的 4 个字节组成 1 个双字，最低位字节在 1 个双字中应该是最高 8 位。例如 VD0 由 VB0、VB1、VB2、VB3 这 4 个字节组成，VB0 为最高 8 位，VB3 为最低 8 位。

6. 局部存储器 L

局部存储器是 S7-200 PLC CPU 为局部变量数据建立的 1 个存储器，S7-200 PLC 共有 64 个字节的局部存储器，其中 60 个可以用作临时存储器或者给子程序传递参数。

局部存储器和变量存储器很相似，但是变量存储器是全局有效的，而局部存储器只在局部有效。全局是指同一个存储器可以被任何程序存取（包括主程序、子程序和中断服务程序）。局部是指存储器区和特定的程序相关联。局部存储器中存储的局部变量仅在创建它的程序中有效，即只有创建它的程序能存取其中的数据，其他程序不能访问。S7-200 给主程序分配 64 个局部存储器，给每一级子程序嵌套分配 64 个字节局部存储器，同样给中断服务程序分配 64 个字节局部存储器（每个子程序最多可以传递的参数为 16 个）。

S7-200 PLC 根据需要分配局部存储器。也就是说，当主程序执行时，分配给子程序或中断服务程序的局部存储器是不存在的。当发生中断或者调用一个子程序时，需要分配局部存储器。新的局部存储器地址可能会覆盖另一个子程序或中断服务程序的局部存储器地址。

局部存储器在分配时 PLC 不进行初始化，初值可能是任意的。当在子程序调用中传递参数时，在被调用子程序的局部存储器中，由 CPU 替换其被传递的参数的值。局部存储器在参数传递过程中不传递值，在分配时不被初始化，可能包含任意数值。

局部存储器区的数据可以按位、字节、字、双字 4 种方式来存取。

（1）按位方式：每个位地址包括存储器标识符和字节地址及位号 3 部分。存储器标识符为"L"，字节地址为整数部分，位号为小数部分。例如 L0.0。

（2）按字节方式：每个字节地址包括存储器字节标识符和字节地址两部分。存储器字节标识符为"LB"，字节地址为整数部分。例如 LB1。

（3）按字方式：每个字地址包括存储器字标识符和字地址两部分。存储器字标识符为"LW"，字地址为整数部分。相邻的两个字节组成 1 个字，且低位字节在 1 个字中应该是高 8 位，高位字节在 1 个字中应该是低 8 位，例如 LW0。

（4）按双字方式：每个双字地址包括存储器双字标识符和双字地址两部分。存储器双字标识符为"LD"，双字地址为整数部分。相邻的 4 个字节组成 1 个双字，最低位字节在 1 个双字中应该是最高 8 位。例如 LD0。

7. 位存储器 M

位存储器 M 用于保存中间操作状态和控制信息。该区虽然称为位存储器，但是其中的数据同样可以按位、字节、字、双字 4 种方式来存取。

（1）按位方式：每个位地址包括存储器标识符和字节地址及位号 3 部分。存储器标识符为"M"，字节地址为整数部分，位号为小数部分。例如 M31.6。

（2）按字节方式：每个字节地址包括存储器字节标识符和字节地址两部分。存储器字节标识符为"MB"，字节地址为整数部分。例如 MB31。

（3）按字方式：每个字地址包括存储器字标识符和字地址两部分。存储器字标识符为"MW"，字地址为整数部分。相邻的两个字节组成 1 个字，且低位字节在 1 个字中应该是高 8 位，高位字节在 1 个字中应该是低 8 位，例如 MW4。

（4）按双字方式：每个双字地址包括存储器双字标识符和双字地址两部分。存储器双字标识符为"MD"，双字地址为整数部分。相邻的 4 个字节组成 1 个双字，最低位字节在 1 个双字中应该是最高 8 位。例如 MD6。

位存储器 M 和变量存储器 V 比较，区别如下：

（1）变量存储器 V 的内存区域大，一般存放模拟量数值和运算中间量，而位存储器 M 一般存放位变量。

（2）位存储器 M 指令码短，存储和执行效率高。

（3）位存储器 M 中 MB0～MB13 如设为保持，在断电时直接写入 $E^2 PROM$ 永久保持，其他的由电容或电池保持。

8．特殊存储器 SM

特殊存储器 SM 中存储了大量系统状态变量和有关控制信息，用于 CPU 和用户之间交换信息。用户可以按位、字节、字、双字 4 种方式来存取。

（1）按位方式：每个位地址包括存储器标识符和字节地址及位号 3 部分。存储器标识符为"SM"，字节地址为整数部分，位号为小数部分。例如 SM0.2。

（2）按字节方式：每个字节地址包括存储器字节标识符和字节地址两部分。存储器字节标识符为"SMB"，字节地址为整数部分。例如 SMB1。

（3）按字方式：每个字地址包括存储器字标识符和字地址两部分。存储器字标识符为"SMW"，字地址为整数部分。相邻的两个字节组成 1 个字，且低位字节在 1 个字中应该是高 8 位，高位字节在 1 个字中应该是低 8 位，例如 SMW0。

（4）按双字方式：每个双字地址包括存储器双字标识符和双字地址两部分。存储器双字标识符为"SMD"，双字地址为整数部分。相邻的 4 个字节组成 1 个双字，最低位字节在 1 个双字中应该是最高 8 位。例如 SMD0。

各特殊存储器的功能见《西门子 S7-200 可编程序控制器系统手册》。

9．定时器存储器 T

定时器是 PLC 实现定时功能的计时装置，相当于继电器控制电路中的时间继电器。定时器对时间间隔计数，时间间隔又称分辨率。S7-200 CPU 提供 3 种定时器分辨率：1 ms、10 ms 和 100 ms。

定时器存储器每个定时器地址包括存储器标识符和定时器号两部分。存储器标识符为"T"，定时器号为整数，例如 T0 表示 0 号定时器。

10．计数器存储器 C

计数器用来累计输入脉冲的个数，计数脉冲由外部输入，计数脉冲的有效沿是输入脉冲的上升沿或下降沿，计数器分为加计数器、减计数器和加减计数器 3 种。

计数器存储器每个计数器地址包括存储器标识符和计数器号两部分。存储器标识符为"C",计数器号为整数,例如 C1 表示 1 号计数器。

11. 高速计数器存储器 HC

高速计数器用来累计比 CPU 扫描速率更快的事件。普通计数器的当前值和设定值为 16 位有符号整数,而高速计数器的当前值和设定值为 32 位有符号整数。

高速计数器存储器的每个高速计数器地址包括存储器标识符和计数器号两部分。存储器标识符为"HSC",计数器号为整数,例如 HSC0 表示 0 号高速计数器。

12. 顺序控制继电器 S

PLC 在程序执行过程中,可能会用到顺序控制。顺序控制继电器就是在顺序控制过程中,用于组织步进过程的控制。

顺序控制继电器 S 可以按位、字节、字、双字 4 种方式来存取。

① 按位方式:每个位地址包括存储器标识符、字节地址及位号 3 部分。存储器标识符为"S",字节地址为整数部分,位号为小数部分。例如 S0.0。

② 按字节方式:每个字节地址包括存储器字节标识符和字节地址两部分。存储器字节标识符为"SB",字节地址为整数部分。例如 SB1。

③ 按字方式:每个字地址包括存储器字标识符和字地址两部分。存储器字标识符为"SW",字地址为整数部分。相邻的两个字节组成 1 个字,且低位字节在 1 个字中应该是高 8 位,高位字节在 1 个字中应该是低 8 位,例如 SW0。

④ 按双字方式:每个双字地址包括存储器双字标识符和双字地址两部分。存储器双字标识符为"SD",双字地址为整数部分。相邻的 4 个字节组成 1 个双字,最低位字节在 1 个双字中应该是最高 8 位。例如 SD0。

13. 累加器 AC

累加器是可以像存储器那样进行读写的设备。例如,可以利用累加器向子程序传递参数,或从子程序返回参数,以及用来存储计算的中间结果,不能利用累加器做主程序和中断子程序之间的参数传递。S7-200 提供了 4 个 32 位累加器(AC0、AC1、AC2、AC3),可以按字节、字或双字来存取累加器中的数据。但是,以字节或字的方式读写累加器中的数据时,只能读写累加器 32 位数据中的最低 8 位或 16 位。只有采取双字的形式读写累加器中的数据时,才能一次读写全部 32 位数据。

累加器存储器每个累加器地址包括存储器标识符和累加器号两部分。存储器标识符为"AC",定时器号为整数,如 AC0 表示 0 号累加器。

表 1.7.10 为 S7-200 PLC CPU 存储器范围及特性。

表 1.7.10　S7-200 PLC CPU 存储器范围及特性

描述	CPU 221	CPU 222	CPU 224	CPU 224XP	CPU 226
输入映像存储器 I	I0.0～I15.7				
输出映像存储器 Q	Q0.0～Q15.7				
模拟量输入 AI	AIW0～AIW30			AIW0～AIW62	
模拟量输出 AQ	AQW0～AQW30			AQW0～AQW62	
变量存储器 V	VB0～VB2047		VB0～VB8191	VB0～VB10239	

描述	CPU 221	CPU 222	CPU 224	CPU 224XP	CPU 226
局部存储器 L	LB0～LB63				
位存储器 M	M0.0～M31.7				
特殊存储器 SM	SM0.0～SM179.7	SM0.0～SM299.7	SM0.0～SM549.7		
只读	SM0.0～SM29.7	SM0.0～SM29.7	SM0.0～SM29.7		
定时器 T	T0～T255				
有记忆接通延迟	T0,T64				
1 ms	T1～T4,T65～T68				
10 ms	T5～T31,T69～T95				
100 ms					
接通/关断延迟	T32,T96				
1 ms	T33～T36,T97～T100				
10 ms	T37～T63,T101～T255				
100 ms					
计数器 C	C0～C255				
高速计数器 HC	HC0～HC5				
顺序控制继电器 S	S0.0～S31.7				
累加器 AC	AC0～AC3				
跳转/标号	0～255				
调用/子程序	0～63				
中断程序	0～127				
正/负跳变	256				
PID 回路	0～7				
串行通信口	端口 0			端口 0,1	

7.3.3 S7-200 PLC 数据的保持

S7-200 CPU 中的数据存储器分为两类:易失性的 RAM 存储器以及永久保存的 E^2 PROM 存储器。

S7-200 CPU 在工作时,各种数据都保存在 RAM 中,如变量存储器 V、位存储器 M、定时器存储器 T 和计数器存储器 C 数据等。RAM 存储器需要为其提供电源方能保持其中的数据不丢失。

S7-200 CPU 内置有 E^2 PROM 存储器,用来存储程序块、数据块、系统块、强制值、组态为掉电保存的 M 存储器和在用户程序的控制下写入的指定值。

在 S7-200 项目的系统块中,有设置 RAM 数据保持区的选项。

S7-200 提供了多种保持数据的方法,用户可以根据需要灵活选用。

(1) CPU 中有内置超级电容,在不太长的断电期间内为保持数据和时钟提供电源。

(2) CPU 上附加电池卡,与内置超级电容配合,长期为保持数据和时钟提供电源。

（3）使用数据块，永久保存不需要更改的数据。

（4）设置系统块，可在 CPU 断电时自动永久保存所设定的存储器数据。

（5）在用户程序中编程，根据需要永久保存数据。

（6）使用存储卡保持数据。

1．内置电容保持数据

S7-200 CPU 中的内置超级电容，在短期断电期间为 RAM 和实时时钟（如果有）提供电源。断电后，CPU 221 和 CPU 222 的超级电容可提供约 50 小时的数据保持，CPU 224、CPU 224X 和 CPU 226 可保持数据约 100 小时。超级电容在 CPU 上电时充电，为保证获得上述指标的数据保持时间，需要充电至少 24 小时。

2．内置电容 + 电池卡保持数据

可以在 S7-200 CPU 的可选卡插槽上插入电池卡，以获得更长的数据保持时间。对于 CPU 221 和 CPU 222 来说，还可以选用时钟/电池卡，同时获得数据的电池备份功能和实时时钟。

CPU 断电后，首先依靠内置的超级电容为数据保持提供电源。超级电容放电完毕后，电池起作用。它们一起组成一个"内置超级电容 + 外插电池卡"的电源备份机制。完全靠电池为 CPU 提供数据备份电源时，电池寿命约 200 天。

3．使用数据块

用户编程时可以编辑数据块，用于给变量存储器赋初值。由于数据块在 S7-200 项目下载到 CPU 中时，也会存储到 E^2PROM 中，所以数据块的内容永远不会丢失。数据块可以用于保存程序中用到的不改变的一些参数。

4．使用系统块

系统块中的断电数据保持设置最多可定义 6 个保持范围，可将下列存储区中的地址范围定义为保持 V、M、C 和 T。地址的范围限制随 CPU 型号和版本不同而异。对于定时器来说，只能保持有记忆定时器（TONR），而且只有定时器和计数器的当前值可定义为保持，每次上电时定时器和计数器位均被清除。

系统块中设置的断电保持数据存储在 RAM 中，利用内置电容 + 电池卡保持数据。而对于 MB0～MB13 来说，这 14 个字节的默认设置是非保持的。如果用户在系统块中将其设置为保持，则在 CPU 断电时自动将其中的内容写入到 E^2PROM 的相应区域中。

系统块的设置必须下载到 CPU 后才能生效。

5．编程保存数据

在程序中利用 SMB31 和 SMW32 特殊存储器，可以把变量存储器 V 中任意地址的数据写到相应的 E^2PROM 中。每次操作可以写入 1 字节、1 字或双字长度的数据。多次执行操作，可以写入多个数据。由于 E^2PROM 的写入操作次数有限（典型 100 万次），在程序中必须注意写入操作的频率。

6．使用存储卡

存储卡为可拆卸的不可变存储器，用来存储程序块、数据块、系统块、配方、数据归档和强制值。通过 S7-200 资源管理器，可以将文档文件（doc、text、pdf 等）存储在存储卡内，也可以将普通文件保留在存储卡中（复制、删除、创建目录和放置文件）。

要安装存储卡，应先从 S7-200 CPU 上取下塑料盖，然后将存储卡插入槽中。正确安装存储卡至关重要。小心静电放电损坏存储卡或 CPU 接口。当拿存储卡时,应使用接地导电垫或戴接地手套,应当把存储卡存放在导电容器中。

当下载程序时,出于安全考虑,程序块、数据块和系统块将存储在 E^2PROM 中。而配方和数据归档组态将存储在存储卡中,并更新原有的配方和数据归档。那些不涉及下载操作的程序部分也将保留在永久存储器和存储卡中,保持不变。如果程序下载涉及配方或数据归档组态,则存储卡就必须一直装在 S7-200 上,否则程序可能无法正确运行。

7.3.4　S7-200 PLC 寻址方式

在 S7-200 PLC 中,CPU 存储器的寻址方式分为直接寻址和间接寻址两种不同的形式。

1．直接寻址

在一条指令中,如果操作数是以其所在地址的形式出现的,这种指令的寻址方式就是直接寻址。例如

　　　MOVB　VB40　VB30

该指令的功能是将 VB40 中的数据传给 VB30,指令中源操作数的数值在指令中并未给出,只给出了存储源操作数的地址 VB40,执行该指令时要到该地址 VB40 中寻找操作数,这种以给出操作数地址的形式的寻址方式就是直接寻址。

前面所述的 13 个存储器均可用作直接寻址。

2．间接寻址

所谓间接寻址方式,就是在存储单元中放置一个地址指针,按照这一地址找到的存储单元中的数据才是所要取的操作数,相当于间接地取得数据。地址指针前加"＊"。例如

　　　MOVW　2009　＊VD40

该指令中,＊VD40 就是地址指针,在地址 VD40 中存放的是一个地址值,而该地址才是操作数 2009 应存储的地址。如果 VD40 中存放的是 VW0,则该指令的功能是将数值2009 传送到 VW0 地址中。

S7-200 PLC 的间接寻址方式适用的存储器是 I、Q、V、M、S、T(限于当前值)、C(限于当前值)。除此之外,间接寻址还需要建立间接寻址的指针和对指针的修改。

为了对某一存储器的某一地址进行间接访问,首先要为该地址建立指针。指针长度为双字,存放另一个存储器的地址。间接寻址的指针只能使用 V、L、AC1、AC2、AC3 作为指针。为了生成指针,必须使用双字传送指令(MOVD),将存储器某个位置的地址移入存储器的另一个位置或累加器中作为指针。指令的输入操作数必须使用"&"符号表示是某一位置的地址,而不是它的数值。例如

　　　MOVD　&VB0,AC2

该指令的功能是将 VB0 这个地址送入 AC2 中(不是把 VB0 中存储的数据送入 AC2中),该指令执行后,AC2 即是间接寻址的指针。

在间接寻址方式中,指针指示了当前存取数据的地址。当一个数据已经存入或取出,如果不及时修改指针会出现以后的存取仍使用已经用过的地址,为了使存取地址不重复,必须修改指针。因为指针为 32 位的值,所以使用双字指令来修改指针值。加法指令或自增指令可用于修改指针值。

要注意存取数据的长度。当存取 1 个字节时,指针值加 1;当存取 1 个字、定时器或计数器的当前值时,指针值加 2;当存取双字时,指针值加 4。

7.3.5　S7-200 PLC 的编程语言

PLC 的编程语言主要有梯形图(LAD)、语句表(STL)、功能块图(FBD)、顺序功能图、结构化文本 5 种。这些编程语言的使用和 PLC 的型号以及编程器的类型有关。例如,简易型编程器只能使用语句表方式编程。目前,计算机编程器和 PLC 编程软件广泛应用于 S7 的编程工作,PLC 编程软件中使用的基本编程语言是梯形图、语句表和功能块图。

1. 梯形图

梯形图语言是最常用的可编程控制器图形编程语言,是从继电器控制系统原理图的基础上演变而来的。梯形图保留了继电器电路图的风格和习惯,具有直观、形象、易懂的优点,对于熟悉继电器—接触器控制系统的人来说,易于接受、掌握。梯形图特别适用于开关量逻辑控制。

图 1.7.11(a)为一个简单的启停控制电路,SB1 为停止按钮(常闭触点),SB2 为启动按钮(常开触点),KM1 为被控接触器(利用自身的常开触点和启动按钮并联实现自锁),图中控制电路的电源为 DC 24 V。

图 1.7.11(b)为实现相同功能的 PLC 梯形图程序。硬件上,启动按钮 SB2 的常开触点连接到输入端子 0.0,对应的地址为 I0.0。停止按钮 SB1 的常开触点连接到输入端子 0.1,对应的地址为 I0.1。接触器 KM1 的线圈连接到输出端子 0.0,对应的地址为 Q0.0。一般情况下,具有"停止""急停"功能的按钮,硬件连接时要使用常闭触点,以防止因不能发现断线等故障而失去作用。如果停止按钮 SB1 的常闭触点连接到输入端子 0.1 上的话,则梯形图中 I0.1 要使用常开触点。

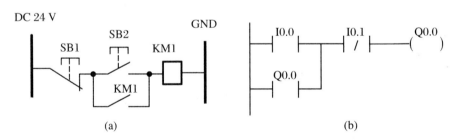

(a)　　　　　　　　　　　　　　　　(b)

图 1.7.11　继电器电路图和梯形图

在分析梯形图中的逻辑关系时,为了借用继电器电路图的分析方法,可以想象左右两侧母线之间有一个左正右负的直流电源电压,当图 1.7.11(b)中的 I0.0、I0.1 的触点接通,或 Q0.0、I0.1 的触点接通时有一个假想的"能流"流过 Q0.0 的线圈(或称 Q0.0 线圈得电)。利用能流这一概念,可以帮助我们更好地理解和分析梯形图,能流只能从左向右流动。

梯形图语言具有以下特点:

(1) 它是一种图形语言,沿用传统继电器电路图中的继电器触点、线圈、串联、并联等术语,并由一些图形符号构成,左右的竖线称为左右母线(S7-200 CPU 梯形图中省略了右侧的母线)。

（2）梯形按自上而下、从左到右的顺序排列。每一个梯形均起始于左母线，然后是触点的各种连接，最后由线圈与右母线相连，整个图形呈梯形。

（3）梯形图是 PLC 形象化的编程方式，其左右两侧母线并不接任何电源，因而，图中各支路也没有真实的电流流过。但为了方便，常用"有电流"或"得电"等来形象地描述用户程序解算中满足输出线圈的动作条件。

（4）梯形图中的继电器不是继电器控制线路中的实际继电器，它实质上是变量存储器中的位触发器，因此称为"软继电器"，相应某位触发器为"1"态，表示该继电器线圈通电，其动合（常开）触点闭合、动断（常闭）触点打开。梯形图中继电器的线圈是广义的，除了输出继电器、内部继电器线圈外还包括定时器、计数器等的线圈。

（5）梯形图中，信息流程从左到右，继电器线圈应与右边的母线直接相连，线圈的右边不能有触点，而左边必须有触点。

（6）一般情况下，不推荐在一个程序中重复使用继电器线圈（使用置位、复位指令除外），即使程序编译无错误。而继电器的触点，编程中可以重复使用，且使用次数不受限制。

用编程软件生成的梯形图和语句表程序中有网络编号，允许以网络为单位，给梯形图加注释。在网络中，程序的逻辑运算按从左到右的方向执行，与能流的方向一致。各网络按从上到下的顺序执行，执行完所有的网络后，返回最上面的网络重新执行。

使用编程软件可以直接生成和编辑梯形图，并将它下载到可编程控制器。

2．语句表

语句表比较适合熟悉可编程控制器和逻辑程序设计经验丰富的程序员使用，语句表可以实现某些不能用梯形图或功能块图实现的功能。语句表指令是一种与计算机汇编语言指令相似的助记符表达式，但比汇编语言易懂、易学。一条指令语句由步序、指令语和作用器件编号 3 部分组成。由指令组成的程序叫做语句表程序或指令表程序。与图 1.7.11 所示的梯形图等价的语句表程序如下：

```
LD        I0.0
O         Q0.0
AN        I0.1
=         Q0.0
```

S7-200 CPU 在执行程序时要用到逻辑堆栈，梯形图和功能块图编辑器自动地插入处理栈操作所需要的指令。在语句表程序中，必须由编程人员加入这些堆栈处理指令。

3．功能块图

这是一种类似于数字逻辑门电路的编程语言，有数字电路基础的人很容易掌握。功能块图使用"与"、"或"、"非"逻辑块，迎合了逻辑设计人员的思维习惯。图 1.7.12 所示的是由图 1.7.11 中梯形图转换的功能块图。

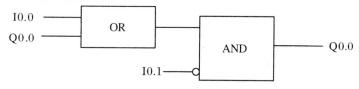

图 1.7.12　功能块图

上述 3 种编程语言可独立或混合使用。系统可为用户做语言间的相互转换。梯形图或者功能块图程序一定能转换为语句表,而用语句表编写的程序,在 S7 中将其转换成梯形图或者功能块图时,却并不总是成功的。原因是某些指令只有语句表的形式,没有梯形图及功能块图的表示方式,或者编写的语句表程序的组合方式不符合 S7 的转换要求。

梯形图程序中输入信号与输出信号之间的逻辑关系一目了然,易于理解,与继电器电路图的表达方式极为相似,所以在设计复杂的开关量控制程序时一般使用梯形图语言。语句表输入方便快捷,梯形图中功能块对应的语句只占一行的位置,还可以为每一条语句加上注释,便于复杂程序的阅读。在设计通信、数学运算等高级应用程序时建议使用语句表语言。

7.4　S7-200 PLC 的指令系统

7.4.1　位逻辑指令

位逻辑指令针对触点和线圈进行运算操作,触点及线圈指令是应用最多的指令。使用时要弄清指令的逻辑含义以及指令的梯形图与语句表两种表达形式(其中语句表了解即可)。

1. 触点指令

以下以 S7-200 系列 PLC 指令为主,首先介绍 S7-200 系列可编程控制器的触点指令梯形图和语句表,格式见表 1.7.11,从表中可见,有的一个梯形图指令对应多个语句表指令,说明梯形图编程比语句表编程简单、直观。

表 1.7.11　S7-200 系列 PLC 触点指令

名称	梯形图	语句表	功　　能
常开触点	Bit ┤├	LD Bit	常开触点与左侧母线相连接
		A Bit	常开触点与其他程序段串联
		O Bit	常开触点与其他程序段并联
常闭触点	Bit ┤/├	LDN Bit	常闭触点与左侧母线相连接
		AN Bit	常闭触点与其他程序段串联
		ON Bit	常闭触点与其他程序段并联
立即常开触点	Bit ┤|├	LDI Bit	立即常开触点与左侧母线相连接
		AI Bit	立即常开触点与其他程序段串联
		OI Bit	立即常开触点与其他程序段并联
立即常闭触点	Bit ┤/|├	LDNI Bit	立即常闭触点与左侧母线相连接
		ANI Bit	立即常闭触点与其他程序段串联
		ONI Bit	立即常闭触点与其他程序段并联

续表

名　称	梯形图	语句表	功　　能
取反	─┤NOT├─	NOT	改变能流输入的状态
正跳变	─┤P├─	EU	检测到一次上升沿,能流接通一个扫描周期
负跳变	─┤N├─	ED	检测到一次下降沿,能流接通一个扫描周期

常开触点和常闭触点称为标准触点,其操作数为 I、Q、V、M、SM、S、T、C、L 等。立即触点(立即常开触点和立即常闭触点)的操作数为 I。触点指令的数据类型均为布尔型。

常开触点对应的存储器地址位为 1 状态时,该触点闭合。在语句表中,用 LD(Load,装载)、A(And,与)和 O(Or,或)指令来表示。

常闭触点对应的存储器地址位为 0 状态时,该触点闭合,在语句表中,用 LDN(Load Not)、AN(And Not)和 ON(Or Not)来表示,触点符号中间的"/"表示常闭。

立即触点并不依赖于 S7-200 的扫描周期刷新,它会立即刷新。立即触点指令只能用于输入量 I,执行立即触点指令时,立即读入物理输入点的值,根据该值决定触点的接通/断开状态,但是并不更新该物理输入点对应的输入映像存储器的值。

取反触点将它左边电路的逻辑运算结果取反,逻辑运算结果若为 1 则变为 0,为 0 则变为 1,即取反指令改变能流输入的状态,该指令没有操作数。

正跳变触点指令对其之前的逻辑运算结果的上升沿,产生一个宽度为一个扫描周期的脉冲。正跳变指令的助记符为 EU(Edge UP,上升沿),指令没有操作数,触点符号中间的"P"表示正跳变(Positive Transition)。

负跳变触点指令对逻辑运算结果的下降沿,产生一个宽度为一个扫描周期的脉冲。负跳变指令的助记符为 ED(Edge Down,下降沿),指令没有操作数,触点符号中间的"N"表示负跳变(Negative Transition)。

正、负跳变触点指令常用于启动及关断条件的判定,以及配合功能指令完成一些逻辑控制任务。由于正跳变触点指令和负跳变触点指令要求上升沿或下降沿的变化,所以不能在第一个扫描周期中检测到上升沿或者下降沿的变化。

2. 线圈指令

线圈指令用来表达一段程序的运算结果。线圈指令包括普通线圈指令、置位及复位线圈指令和立即线圈指令等类型。

普通线圈指令(=)又称为输出指令,在工作条件满足时,指定位对应的映像存储器为 1,反之则为 0。

置位线圈指令 S 在相关工作条件满足时,从指定的位地址开始 N 个位地址都被置位(变为 1),N = 1～255。工作条件失去后,这些位仍保持置位 1,复位需用线圈复位指令。执行复位线圈指令 R 时,从指定的位地址开始的 N 个位地址都被复位(变为 0),N = 1～255。

如果对定时器状态位(T)或计数器位(C)复位,则不仅复位了定时器/计数器位,而且定时器/计数器的当前值也被清零。

立即线圈指令（＝I），又称为立即输出指令，"I"表示立即。当指令执行时，新值会同时被写到输出映像存储器和相应的物理输出，这一点不同于非立即指令（非立即指令执行时只把新值写入输出映像存储器，而物理输出的更新要在 PLC 的输出刷新阶段进行），该指令只能用于输出量 Q。

西门子可编程控制器的线圈指令见表 1.7.12。

表 1.7.12　S7-200 系列 PLC 线圈指令

名　称	梯形图	语句表	功　　能
输出	Bit —（　）	＝　Bit	将运算结果输出
立即输出	Bit —（ I ）	＝I　Bit	将运算结果立即输出
置位	Bit —（ S ） N	S　Bit，N	将从指定地址开始的 N 个点置位
复位	Bit —（ R ） N	R　Bit，N	将从指定地址开始的 N 个点复位
立即置位	Bit —（ SI ） N	SI　Bit，N	立即将从指定地址开始的 N 个点置位
立即复位	Bit —（ RI ） N	RI　Bit，N	立即将从指定地址开始的 N 个点复位
无操作	N NOP	NOP N	指令对用户程序执行无效。在 FBD 模式中不可使用该指令。操作数 N 为数字 0～255。

3．触点、线圈指令举例

图 1.7.13 为触点、线圈指令编程举例 1，图中左侧为 3 个梯形图程序，右侧为对应语句表。图 1.7.14 为各程序的时序图。

4．RS 触发器指令

置位优先触发器是一个置位优先的锁存器，其梯形图符号见图 1.7.15(a)。当置位信号（S1）为真时，输出为真。

复位优先触发器是一个复位优先的锁存器，其梯形图符号见图 1.7.15(b)。当复位信号（R1）为真时，输出为假。

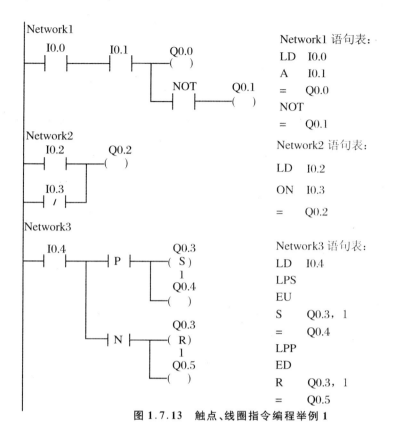

图 1.7.13 触点、线圈指令编程举例 1

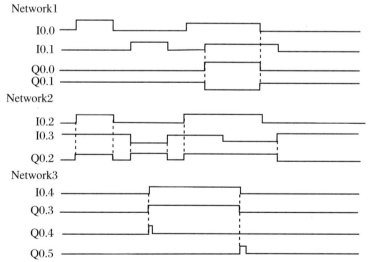

图 1.7.14 触点、线圈指令编程举例 1 时序图

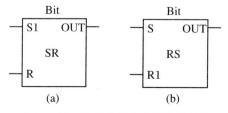

图 1.7.15 触发器指令的梯形图符号

Bit 参数用于指定被置位或者复位的位变量。可选的输出反映位变量的信号状态。

表 1.7.13 为 RS 触发器指令的有效操作数表，表 1.7.14 为 RS 触发器指令真值表。

表 1.7.13　RS 触发器指令有效操作数表

输入/输出	数据类型	操　作　数
S1、R、S、R1、OUT	BOOL	I、Q、V、M、SM、S、T、C、L、能流
Bit	BOOL	I、Q、V、M、S

表 1.7.14　RS 触发器指令真值表

指令	S1	R	OUT(Bit)
置位优先指令(SR)	0	0	保持前一状态
	0	1	0
	1	0	1
	1	1	1
指令	S	R1	OUT(Bit)
复位优先指令(RS)	0	0	保持前一状态
	0	1	0
	1	0	1
	1	1	0

图 1.7.16 为触发器指令实例的梯形图和时序图。

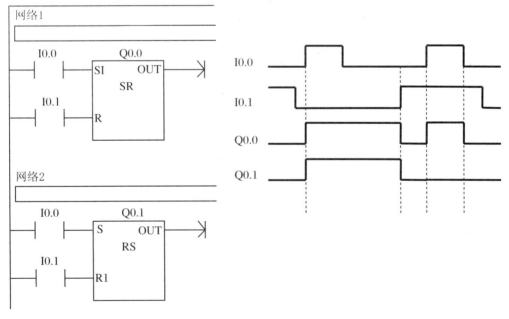

图 1.7.16　触发器指令实例的梯形图和时序图

7.4.2   数据处理指令

1. 比较指令

比较指令用于比较两个数值或字符串,满足比较关系式给出的条件时,触点闭合。比较指令为实现上、下限控制以及数值条件判断提供了方便。

比较指令有以下 5 种类型:字节比较、整数(字)比较、双字比较、实数比较和字符串比较。其中字节比较是无符号的,整数、双字、实数的比较是有符号的。

数值比较指令的运算有 =、>=、<=、>、<和<>6 种。而字符串比较指令只有 = 和<>两种。

对比较指令可进行"LD"、"A"和"O"编程。

比较指令的梯形图和语句表形式见表 1.7.15。

表 1.7.15   数据比较指令

形式	方 式				
	字节比较	整数比较	双字比较	实数比较	字符串比较
梯形图 (以> 为例)	IN1 ─┤ >B ├─ IN2	IN1 ─┤ >I ├─ IN2	IN1 ─┤ >D ├─ IN2	IN1 ─┤ >R ├─ IN2	IN1 ─┤ < > S ├─ IN2
语句表	LDB= IN1,IN2 AB= IN1,IN2 OB= IN1,IN2 LDB<> IN1,IN2 AB<> IN1,IN2 OB<> IN1,IN2 LDB< IN1,IN2 AB< IN1,IN2 OB< IN1,IN2 LDB<= IN1,IN2 AB<= IN1,IN2 OB<= IN1,IN2 LDB> IN1,IN2 AB> IN1,IN2 OB> IN1,IN2 LDB>= IN1,IN2 AB>= IN1,IN2 OB>= IN1,IN2	LDW= IN1,IN2 AW= IN1,IN2 OW= IN1,IN2 LDW<> IN1,IN2 AW<> IN1,IN2 OW<> IN1,IN2 LDW< IN1,IN2 AW< IN1,IN2 OW< IN1,IN2 LDW<= IN1,IN2 AW<= IN1,IN2 OW<= IN1,IN2 LDW> IN1,IN2 AW> IN1,IN2 OW> IN1,IN2 LDW>= IN1,IN2 AW>= IN1,IN2 OW>= IN1,IN2	LDD= IN1,IN2 AD= IN1,IN2 OD= IN1,IN2 LDD<> IN1,IN2 AD<> IN1,IN2 OD<> IN1,IN2 LDD< IN1,IN2 AD< IN1,IN2 OD< IN1,IN2 LDD<= IN1,IN2 AD<= IN1,IN2 OD<= IN1,IN2 LDD> IN1,IN2 AD> IN1,IN2 OD> IN1,IN2 LDD>= IN1,IN2 AD>= IN1,IN2 OD>= IN1,IN2	LDR= IN1,IN2 AR= IN1,IN2 OR= IN1,IN2 LDR<> IN1,IN2 AR<> IN1,IN2 OR<> IN1,IN2 LDR< IN1,IN2 AR< IN1,IN2 OR< IN1,IN2 LDR<= IN1,IN2 AR<= IN1,IN2 OR<= IN1,IN2 LDR> IN1,IN2 AR> IN1,IN2 OR> IN1,IN2 LDR>= IN1,IN2 AR>= IN1,IN2 OR>= IN1,IN2	LDS= IN1,IN2 AS= IN1,IN2 OS= IN1,IN2 LDS<> IN1,IN2 AS<> IN1,IN2 OS<> IN1,IN2

在表 1.7.15 中,触点中间的 B、I、D、R 和 S 分别表示字节、整数、双字、实数和字符串比较。以 LD、A、O 开始的比较指令分别表示开始、串联和并联的比较触点。

字节比较用于比较两个字节型无符号整数值 IN1 和 IN2 的大小,整数比较用于比较两个字节的有符号整数值 IN1 和 IN2 的大小,其范围是 16 ♯ 8000～16 ♯ 7FFF(10 进制 −32768～32767)。双字整数比较用于比较两个有符号双字 IN1 和 IN2 的大小,其范围是 16 ♯ 80000000～16 ♯ 7FFFFFFF。实数比较指令用于比较两个实数 1N1 和 IN2 的大小,是有符号的比较。字符串比较指令比较两个字符串的 ASCⅡ码是否相等。比较指令的用法如图 1.7.17 所示。

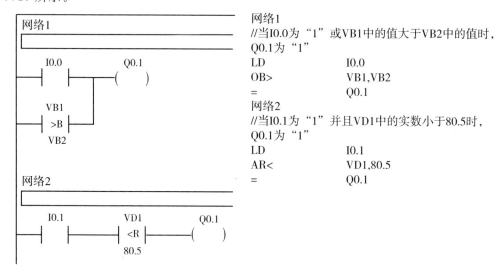

图 1.7.17　比较指令编程举例

2. 传送指令

传送指令在不改变原存储单元值(内容)的情况下,将 IN(输入端存储单元)的值复制到 OUT(输出端存储单元)中。可用于存储单元的清零、程序初始化等场合。

传送包括传送单个数据及一次性传送多个连续字块。每种又可依传送数据的类型分为字节、字、双字或者实数等几种情况。数据传送指令的梯形图和语句表格式见表1.7.16。

表 1.7.16　数据传送指令

指令名称	梯形图	语句表	指令功能
单个数据传送指令	MOV_* EN　　ENO IN　　OUT	MOV*　IN,OUT	使能输入 EN 有效时,把 1 个字节(字、双字、实数)由 IN 传送到 OUT 所指的存储单元
块传送指令	BLKMOV_* EN　　ENO IN　　OUT N	BM*　IN,OUT,N	使能输入 EN 有效时,把从 IN 开始的 N 个字节(字、双字)传送到从 OUT 开始的 N 个字节(字、双字)存储单元

指令名称	梯形图	语句表	指令功能
字节交换指令	SWAP EN ENO IN	SWAP IN	使能输入 EN 有效时,交换输入字 IN 的高字节和低字节
字节立即读指令	MOV_BIR EN ENO IN OUT	BIR IN,OUT	使能输入 EN 有效时,立即读取 1 个字节的物理输入 IN,并传送到 OUT 所指的存储单元,但映像存储器并不刷新
字节立即写指令	MOV_BIW EN ENO IN OUT	BIW IN,OUT	使能输入 EN 有效时,立即将 IN 单元的字节数据写入到 OUT 所指的存储单元的映像存储器和物理区;该指令用于把计算结果立即输出到负载

注:表 1.7.16 中的 * 可以是 B、W、DW(或 D)和 R,分别表示操作数为字节、字、双字和实数。传送指令的输入/输出数据应当等长度。

3. 移位指令

移位指令的功能是将二进制数按位向左或向右移动,可分为左移、右移、循环左移和循环右移 4 种。左移 1 位后,其最低位补 0;右移 1 位后,其最高位补 0;循环左移 1 位后,移出的最高位填入最低位;循环右移 1 位后,移出的最低位填入最高位。

在 S7-200 PLC 中,左、右移位指令每次移出的位将送入特殊存储器 SM1.1 中,循环移位指令每次移出的位除送入另一端外,也将送入 SM1.1 中。若左移、右移指令中移位次数大于被移数据的位数,特殊存储器 SM1.0 则置位。

S7-200 PLC 移位指令的操作数可以是字节型、字型或双字型。移位指令的梯形图和语句表格式见表 1.7.17。

表 1.7.17 数据移位指令

指令名称	梯形图	语句表	指令功能
左移指令	SHL_* EN ENO IN OUT N	SL* OUT,N	将输入值 IN 左移 N 位,并将结果装载到 OUT

指令名称	梯形图	语句表	指令功能
右移指令	SHR_* EN ENO IN OUT N	SR* OUT,N	将输入值 IN 右移 N 位,并将结果装载到 OUT
循环左移指令	ROL_* EN ENO IN OUT N	RL* OUT,N	将输入值 IN 循环左移 N 位,并将结果装载到 OUT
循环右移指令	ROR_* EN ENO IN OUT N	RR* OUT,N	将输入值 IN 循环右移 N 位,并将结果装载到 OUT
移位寄存器指令	SHRB EN ENO DATA S_BIT N	SHRB DATA,S_BIT,N	把输入的 DATA 数值移入移位寄存器;其中,S_BIT 指定移位寄存器的最低位,N 指定移位寄存器的长度和移位方向(N 为正,则正向移位(数据从最低位移入,最高位移出);N 为负,则反向移位)

注:表 1.7.17 中 * 可以是 B、W、DW,分别表示操作数为字节、字、双字。

图 1.7.18 为移位寄存器指令应用举例。

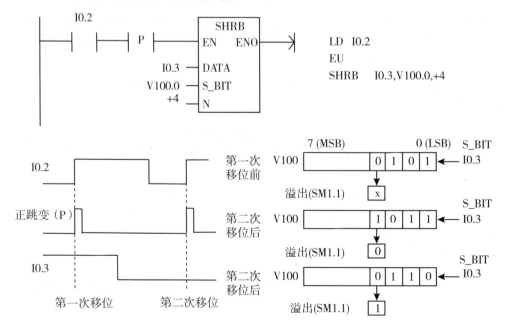

图 1.7.18　移位寄存器指令应用举例

7.4.3　定时器指令

1. 定时器概述

定时器指令用来规定定时器的功能,S7-200 CPU 提供了 256 个定时器,共有 3 种类型,即接通延时定时器(TON)、有记忆接通延时定时器(TONR)和断开延时定时器(TOF)。

定时器对时间间隔计数,时间间隔称为分辨率,又称为时基。S7-200 定时器有 3 种分辨率,即 1 ms、10 ms 和 100 ms,如表 1.7.18 所示。

表 1.7.18　定时器分类及特征

定时器类型	分辨率(ms)	最长定时值(s)	定时器号
有记忆接通延时定时器	1	32.767	T0,T64
	10	327.67	T1～T4,T65～T68
	100	3276.7	T5～T31,T69～T95
接通延时定时器、断开延时定时器	1	32.767	T32,T96
	10	327.67	T33～T36,T97～T100
	100	3276.7	T37～T63,T101～T255

定时器的分辨率决定了每个时间间隔的时间长短。例如:一个以 10 ms 为分辨率的接通延时定时器,在启动输入位接通后,以 10 ms 的时间间隔计数,若 10 ms 的定时器计数值为 50,则代表 500 ms。定时器号决定了定时器的分辨率。

对于分辨率为 1 ms 的定时器来说,定时器状态位和当前值的更新不与扫描周期同步。对于大于 1 ms 的程序扫描周期来说,定时器状态位和当前值在一次扫描内刷新多次。

对于分辨率为 10 ms 的定时器来说,定时器状态位和当前值在每个程序扫描周期的开始刷新。定时器状态位和当前值在整个扫描周期过程中为常数。在每个扫描周期的开始会将一个扫描累计的时间间隔加到定时器当前值上。

对于分辨率为 100 ms 的定时器来说,定时器状态位和当前值在指令执行时刷新。因此,为了使定时器保持正确的定时值,要确保在一个程序扫描周期中,只执行一次 100 ms 定时器指令。

从表 1.7.18 中可以看出接通延时定时器和断开延时定时器使用相同范围的定时器号。应该注意,在同一个 PLC 程序中,一个定时器号只能使用一次,即在同一个 PLC 程序中,不能既有接通延时定时器 T32,又有断开延时定时器 T32。

表 1.7.19 所示为定时器指令梯形图和语句表格式。表中以接通延时定时器为例,T33 为定时器号,IN 为使能输入位,接通时启动定时器,10 ms 为 T33 的分辨率,PT 为预置值,* 可以为 IW、QW、VW、MW、SMW、SW、LW、T、C、AC、AIW、* VD、* LD、* AC、常数。定时器的定时时间等于其分辨率和预置值的乘积。使用软件 STEP 7-Micro/WIN 梯形图方式编程时,所使用定时器指令可选的定时器号及对应的分辨率有工具提示(将光标放在计时器框内稍等片刻即可看到)。

表 1.7.19　定时器指令

形式	指令名称		
	接通延时定时器	有记忆接通延时定时器	断开延时定时器
梯形图	T33 IN　TON *—PT　10 ms	T4 IN　TONR *—PT　10 ms	T37 IN　TOF *—PT　100 ms
语句表	TON　T33,*	TONR T4,*	TOF T37,*

2. 接通延时定时器

接通延时定时器 TON 用于单一间隔的定时,当使能输入 IN 接通时,接通延时定时器开始计时,当定时器的当前值大于等于预置值(PT)时,该定时器状态位被置位。当启动输入 IN 断开时,接通延时定时器复位,当前值被清除(即在定时过程中,启动输入需一直接通)。达到预置值后,定时器仍继续定时,达到最大值 32767 时停止。图 1.7.19 为接通延时定时器使用举例,图 1.7.20 为其时序图。

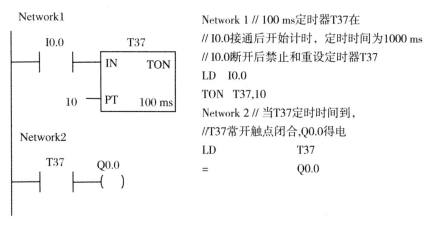

Network 1 // 100 ms定时器T37在
// I0.0接通后开始计时,定时时间为1000 ms
// I0.0断开后禁止和重设定时器T37
LD　I0.0
TON　T37,10
Network 2 // 当T37定时时间到,
//T37常开触点闭合,Q0.0得电
LD　　　　T37
=　　　　　Q0.0

图 1.7.19　接通延时定时器 TON 使用举例

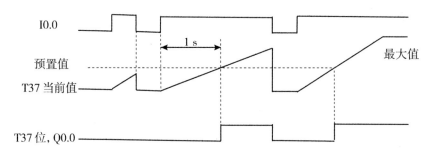

图 1.7.20　时序图

从时序图中可以看出:定时器 T37 在 I0.0 接通后开始计时,当定时器的当前值等于预置值10(即延时 100 ms×10 = 1 s)时,T37 位置1(其常开触点闭合 Q0.0 得电)。此后,如果 I0.0 仍然接通,定时器继续计时直到最大值 32767,T37 位保持接通直到 I0.0 断开。任何时刻,只要 I0.0 断开,则 T37 就复位:定时器状态位为 OFF,当前值 = 0。

3．有记忆接通延时定时器

有记忆接通延时定时器 TONR 用于累计多个时间间隔。和 TON 相比，具有以下几个不同之处：

（1）当启动输入 IN 接通时，TONR 以上次的保持值作为当前值开始计时。

（2）当启动输入 IN 断开时，TONR 的定时器状态位和当前值保持最后状态。

（3）上电周期或首次扫描时，TONR 的定时器状态位为 OFF，当前值为掉电之前的值。因此 TONR 定时器只能用复位指令 R 对其复位。

图 1.7.21 为有记忆接通延时定时器 TONR 的使用举例。图 1.7.22 为其时序图。

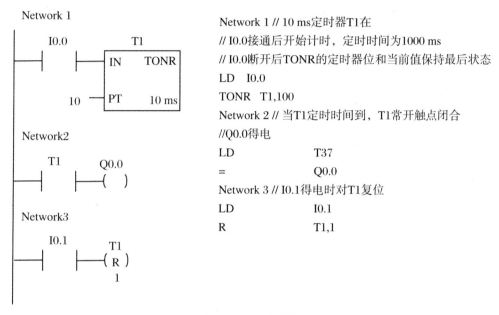

Network 1 // 10 ms定时器T1在
// I0.0接通后开始计时，定时时间为1000 ms
// I0.0断开后TONR的定时器位和当前值保持最后状态
LD   I0.0
TONR T1,100
Network 2 // 当T1定时时间到，T1常开触点闭合
//Q0.0得电
LD   T37
=   Q0.0
Network 3 // I0.1得电时对T1复位
LD   I0.1
R   T1,1

图 1.7.21　有记忆接通延时定时器 TONR 使用举例

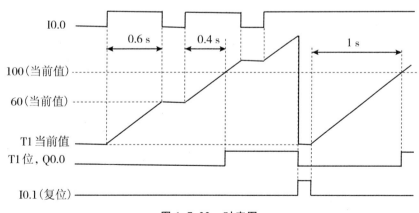

图 1.7.22　时序图

4．断开延时定时器

断开延时定时器 TOF 用于关断或故障事件后的延时，例如在电机停后，需要冷却电机。当启动输入接通时，定时器状态位立即接通，并把当前值设为 0；当启动输入断开时，定时器开始计时，直到达到预设的时间；当达到预设时间时，定时器状态位断开，并且停止计时当前值；当启动输入断开的时间短于预设时间时，定时器状态位保持接通。TOF 必须用使能输

入的下降沿启动计时。图 1.7.23 为断开延时定时器 TOF 使用举例。图 1.7.24 为时序图。

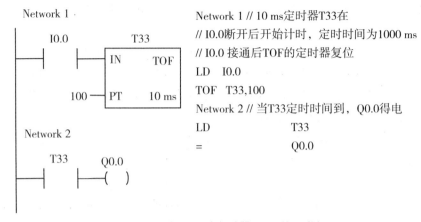

Network 1 // 10 ms定时器T33在
// I0.0断开后开始计时，定时时间为1000 ms
// I0.0接通后TOF的定时器复位
LD　I0.0
TOF　T33,100
Network 2 // 当T33定时时间到，Q0.0得电
LD　　　　　　　　T33
=　　　　　　　　 Q0.0

图 1.7.23　断开延时定时器 TOF 使用举例

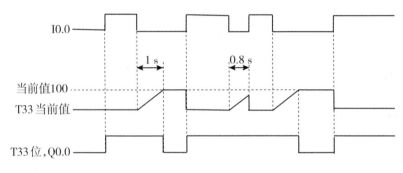

图 1.7.24　时序图

7.4.4　计数器指令

计数器用来累计输入脉冲（上升沿）的个数，当计数器达到预置值时，计数器发生动作，以完成计数控制任务。S7-200 CPU 提供了 256 个计数器，共分为以下 3 种类型：加计数器（CTU）、减计数器（CTD）、加/减计数器（CTUD）。计数器指令如表 1.7.20 所示。

表 1.7.20　计数器指令

形式	指 令 名 称		
	加计数器（CTU）	减计数器（CTD）	加/减计数器（CTUD）
梯形图	C××× CU　CTU R PV	C××× CD　CTD LD PV	C××× CU　CTUD CD R PV
语句表	CTU　C×××,PV	CTD　C×××,PV	CTUD　C×××,PV

在表 1.7.20 中,C×××为计数器号,取 C0～C255(因为每个计数器有一个当前值,不要将相同的计数器号码指定给一个以上计数器);CU 为加计数器信号输入端,CD 为减计数器信号输入端;R 为复位输入;LD 为预置值装载信号输入(相当于复位输入);PV 为预置值。计数器的当前值是否掉电保持可以由用户设置。

1. 加计数器指令

每个加计数器有一个 16 位的当前值寄存器及一个状态位。对于加计数器来说,在 CU 输入端,每当一个上升沿到来时,计数器当前值加 1,直至计数到最大值(32767)。若当前计数值大于或等于预置计数值 PV,该计数器状态位则被置位(置 1),计数器的当前值仍被保持。如果在 CU 端仍有上升沿到来,计数器仍计数,但不影响计数器的状态位。当复位端(R)置位时,计数器被复位,即当前值清零,状态位也清零。

图 1.7.25 为加计数器指令使用举例,(a)为梯形图,(b)为时序图。加计数器 C40 对 CU 输入端(I0.0)的脉冲累加值达到 3 时,计数器的状态位被置 1,C40 常开触点闭合,使 Q0.0 得电,直至 I0.1 触点闭合,使计数器 C40 复位,Q0.0 失电。

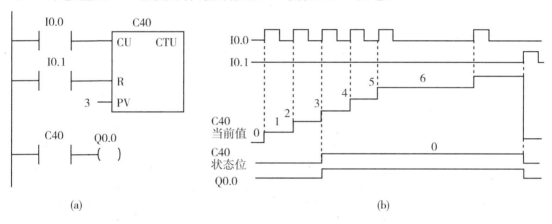

图 1.7.25　加计时器指令使用举例

2. 减计数器指令

每个减计数器有一个 16 位的当前值寄存器及一个状态位。对于减计数器来说,当复位端 LD 输入脉冲上升沿信号时,计数器被复位,减计数器被装入预设值 PV,状态位被清零,但是启动对 CD 的计数是在该脉冲的下降沿时。

当启动计数后,在 CD 输入端,每当一个上升沿到来时,计数器当前值减 1,若当前计数值等于 0,该计数器状态位则被置位,计数器停止计数。如果在 CD 端仍有上升沿到来,计数器仍保持为 0,且不影响计数器的状态位。图 1.7.26 为减计数器指令使用举例,(a)为梯形图,(b)为时序图。I0.1 的上升沿信号给 C1 复位端(LD)一个复位信号,使其状态位为 0,同时 C1 被装入预置值 3。C1 的输入端 CD 累积脉冲达到 3 时,C1 的当前值减到 0,使 C1 的状态位置 1,使 Q0.0 得电,直至 I0.1 的下一个上升沿到来,C1 复位,状态位为 0,C1 再次被装入预置值 3。以下略。

3. 加/减计数器指令

加/减计数器指令兼有加计数器和减计数器的双重功能,在每一个加计数输入(CU)的上升沿时加计数,在每一个减计数输入(CD)的上升沿时减计数。计数器的当前值保存当前计数值。在每一次计数器执行时,预置值 PV 与当前值做比较。当 CTUD 计数器当前值大于等于预置值 PV 时,计数器状态位置位。否则,计数器位复位。当复位端(R)接通或者执行复位指令后,计数器被复位。

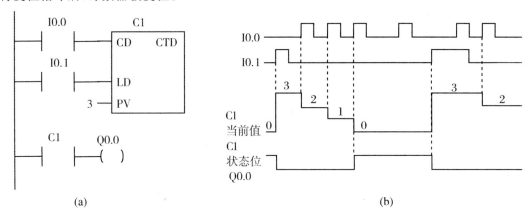

(a)　　　　　　　　　　　　　　　　　(b)

图 1.7.26　减计时器指令使用举例

当达到最大值(32767)时,加计数输入端的下一个上升沿导致当前计数值变为最小值(−32768)。当达到最小值(−32768)时,减计数输入端的下一个上升沿导致当前计数值变为最大值(32767)。图 1.7.27 为加/减计数器指令使用举例,(a)为梯形图,(b)为时序图。

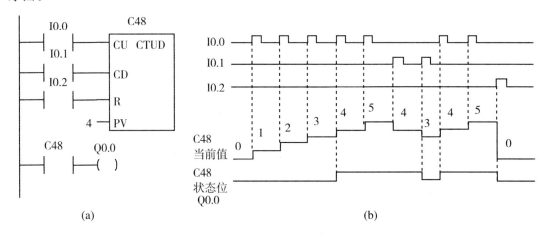

(a)　　　　　　　　　　　　　　　　　(b)

图 1.7.27　加/减计数器指令使用举例

7.4.5　程序控制指令

程序控制指令使程序结构灵活,合理使用该类指令可以优化程序结构,增强程序功能。程序控制指令如表 1.7.21 所示。

表 1.7.21 程序控制指令

指令名称		梯形图	语句表	指 令 功 能
循环指令	FOR	FOR EN ENO INDX INIT FINAL	FOR INDX,INIT,FINAL	循环开始指令,INDX 为当前循环次数计数器,INIT 为循环初值,FINAL 为循环终值,它们的数据类型均为整数
	NEXT	—(NEXT)	NEXT	循环结束指令
跳转指令 JMP		n —(JMP)	JMP n	可使程序流程转移转到同一程序中指定的标号(n)处,和标号指令成对使用
标号指令 LBL		n LBL	LBL n	使程序跳转到指定的目标位置(n)
顺序控制继电器指令	装载 SCR	S Bit SCR	LSCR S Bit	将 S 位的值装载到 SCR 和逻辑堆栈中
	SCR 传输指令	S Bit —(SCRT)	SCRT S Bit	将程序控制权从一个激活的 SCR 段传递到另一个 SCR 段
	结束 SCR	—(SCRE)	SCRE	可以使程序退出一个激活的程序段而不执行 CSCRE 与 SCRE 之间的指令
条件结束指令		—(END)	END	根据前面的逻辑关系终止当前的扫描周期
停止指令		—(STOP)	STOP	使 PLC 从运行模式进入停止模式
看门狗复位指令		—(WDR)	WDR	允许 S7-200 CPU 的系统看门狗定时器被重新触发

1. 循环指令

在遇到需要多次重复执行的任务时,可以使用循环指令。循环指令有两条,即 FOR、NEXT(两条指令必须成对使用)。FOR 为循环开始指令,用来标记循环体的开始;NEXT 为循环结束指令,用来标记循环体的结束,NEXT 指令无操作数。FOR 和 NEXT 之间的程序段称为循环体。

FOR 指令使用时必须设置 INDX、INIT、FINAL 参数,INDX 为当前循环次数计数器,INIT 为循环初值,FINAL 为循环终值,它们的数据类型均为整数。每执行一次循环体,当前循环次数计数值加 1,并将其与循环终值比较,如果大于终值,则终止循环,否则反复执行循环体。

FOR/NEXT 循环指令允许嵌套，即 FOR/NEXT 循环可以在另一个 FOR/NEXT 循环之中，最多可以嵌套 8 层。如图 1.7.28 所示，I2.0 接通阶段执行 100 次外循环（图中标有 1 的回路），I2.0 和 I2.1 同时接通时，外循环 1 每执行 1 次，内循环 2 执行 2 次。

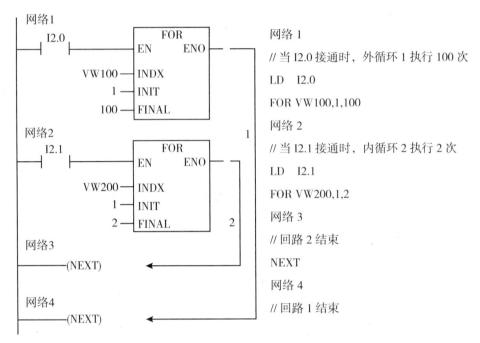

网络 1

// 当 I2.0 接通时，外循环 1 执行 100 次

LD　I2.0

FOR VW100,1,100

网络 2

// 当 I2.1 接通时，内循环 2 执行 2 次

LD　I2.1

FOR VW200,1,2

网络 3

// 回路 2 结束

NEXT

网络 4

// 回路 1 结束

图 1.7.28　循环指令使用举例

2．跳转及标号指令

跳转及标号指令必须成对使用，跳转指令（JMP）使程序流程转移到同一程序中指定的标号（n）处。标号指令（LBL）是使程序跳转到指定的目标位置（n）。跳转及标号指令可以分别用在主程序、子程序或中断程序中。但不能从主程序跳到子程序或中断程序，同样也不能从子程序或中断程序跳出。可以在 SCR 段中使用跳转指令，但对应的标号指令必须位于相同的 SCR 段内。操作数 n 为 1～255。

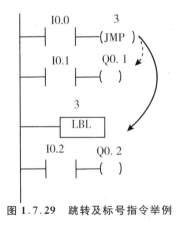

图 1.7.29　跳转及标号指令举例

图 1.7.29 为跳转及标号指令举例。当 JMP 条件满足（即 I0.0 接通时）程序跳转，执行 LBL 标号以后的指令（如图 1.7.29 中实线箭头所示），而在 JMP 和 LBL 之间的指令概不执行，在这个过程中即使 I0.1 接通 Q0.1 也不会得电。当 JMP 条件不满足时，则当 I0.1 接通 Q0.1 会得电（如图 1.7.29 中虚线箭头所示）。

3．顺序控制继电器指令

只要 PLC 应用中包含的一系列操作需要反复执行，就可以使用顺序控制继电器指令使程序更加结构化，以至于直接针对应用。这样可以使得编程和调试更加快速和简单。

顺序控制继电器指令中的 S Bit 是顺序控制继电器标号。顺序控制继电器有一个使能位（即状态位），从 SCR 开始到 SCRE 结束的所有指令组成 SCR。SCR 是一个顺序控制继电器(SCR)段的开始,当 S Bit 使能位为 1 时,允许 SCR 段工作。SCR 段必须用 SCRE 指令结束。

SCRT 指令执行 SCR 段的转移。它一方面对下一个 SCR 使能位置位,以使下一个 SCR 段工作;另一方面又同时对本段 SCR 使能位复位,以使本段 SCR 停止工作。SCR 指令只能用在主程序中,不可用在子程序和中断服务程序中。顺序控制继电器的编号为 S0.0~S31.7。

当使用 SCR 时,注意以下限定:

(1) 不能把同一个 S 位用于不同程序中。

(2) 在 SCR 段之间不能使用 JMP 和 LBL 指令,就是说不允许跳入、跳出。

(3) 在 SCR 段中不能使用 END 指令。

图 1.7.30 为用顺序控制继电器控制两条街交通信号灯变化的部分程序。

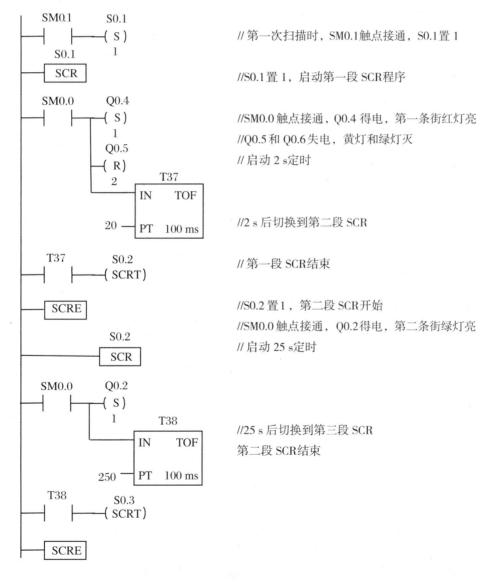

图 1.7.30 顺序控制继电器使用举例

4．条件结束指令与停止指令

条件结束指令（END）根据前面的逻辑关系终止当前的扫描周期，只能在主程序中使用，不能在子程序或中断服务程序中使用。STEP 7-Micro/WIN 软件自动在主程序中增加无条件结束指令。

停止指令（STOP）使 PLC 从运行（RUN）模式进入停止（STOP）模式，从而立即终止程序的执行。STOP 指令可以用在主程序、子程序和中断程序中。如果在中断程序中执行停止指令，中断程序立即终止，并忽略全部等待执行的中断，继续扫描主程序的剩余部分，并在当前扫描的最后，完成从 RUN 到 STOP 模式的转变。

5．看门狗复位指令

看门狗（Watchdog）又称为系统监控定时器，其作用是防止程序无限制的运行，造成死循环。S7-200 中，它的定时时间为 500 ms，每个扫描周期它都被自动复位一次，因此用户程序正常工作时如果扫描周期小于 500 ms，它不起作用。若扫描周期大于 500 ms 或者程序异常时（陷入死循环），看门狗就会停止执行用户程序。看门狗不对造成的扫描周期大于 500 ms 的原因进行区分。因此，如果程序正常工作时的扫描周期大于 500 ms，或者在中断事件发生时有可能使程序的扫描周期超过 500 ms，应该使用看门狗复位指令（WDR）来重新触发看门狗定时器。这样可以在不引起看门狗错误的情况下，增加扫描所允许的时间。

图 1.7.31 为停止、看门狗复位、条件结束指令使用举例。

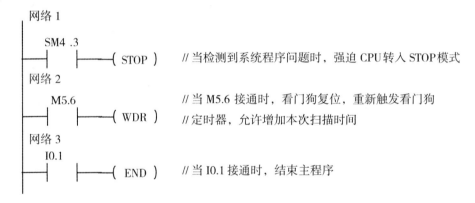

图 1.7.31　停止、看门狗复位、条件结束指令使用举例

使用 WDR 指令时要小心，如果扫描时间过长，在终止本次扫描之前，下列操作将被禁止。

（1）通信（自由端口模式除外）。

（2）I/O 更新（立即 I/O 除外）。

（3）强制更新。

（4）SM 位更新（不能更新 SM0 和 SM5～SM29）。

（5）运行时间诊断。

（6）扫描时间超过 24 s 时，使 10 ms 和 100 ms 定时器不能正确计时。

（7）在中断程序中的 STOP 指令。

带数字量输出的扩展模块也有一个监控定时器，每次使用 WDR 指令时，应对每个扩展模块的第一个输出字节使用立即写（BIW）指令来复位每个扩展模块的监控定时器。

7.4.6 子程序指令

S7-200 CPU 的控制程序由主程序、子程序和中断程序组成。STEP 7-Micro/WIN 在程序编辑器窗口里为每个 POU(程序组织单元)提供一个独立的页。主程序总是第 1 页,后面是子程序和中断程序。

子程序是一个可选指令的集合,使用子程序可以简化程序代码,使程序结构简单、清晰,易于查错和维护。子程序仅在被其他程序调用时执行。同一个子程序可以在不同的地方被多次调用,未调用它时不会执行子程序中的指令,因此使用子程序可以减少扫描时间。

如果子程序中只使用局部变量,因为与其他 POU 没有地址冲突,可以将子程序移植到其他项目。为了移植子程序,应避免使用全局符号和变量,例如,V 存储器中的绝对地址。

子程序可以嵌套调用。从主程序算起,一共可以嵌套 8 层。在中断程序中调用的子程序,不能再调用其他子程序。不禁止递归调用(子程序调用自己),但是当使用带子程序的递归调用时应慎重。

因为累加器可在主程序和子程序之间自由传递,所以在子程序调用时,累加器的值既不保存也不恢复。

当子程序在同一个扫描周期内被多次调用时,不能使用上升沿、下降沿、定时器和计数器指令。

1. 建立子程序

STEP 7-Micro/WIN 在打开程序编辑器时,默认提供了一个空的子程序 SBR_0,用户可以直接在其中输入程序。除此之外,用户还可以用以下两种方法创建子程序(不同版本的 STEP 7-Micro/WIN 可能稍有不同)。

(1) 在"编辑"菜单中执行命令"插入"/"子例行程序"。

(2) 在程序编辑器视窗中点击鼠标右键,从弹出菜单中执行"插入"/"子例行程序"。

(3) 用鼠标右键点击指令树上的"程序块"图标,并从弹出的菜单中选择"插入"/"子例行程序"。

以上 3 种方法创建子程序后,程序编辑器将从原来的 POU 显示进入新的子程序程序(可以在其中编程),程序编辑器底部出现新的子程序标签。默认的子程序名是 SBR_N,编号 N 从 0 开始按递增顺序生成,对于 CPU 226XM,N 为 0~127,对其余 CPU,N 为 0~63。可以用鼠标右键点击子程序图标,在弹出的菜单中选择"重新命名",可以修改它们的名称;选择"删除",可以删除该子程序。在指令树窗口双击新建的子程序图标(或者鼠标左键单击程序编辑器视窗下方的程序名称),就可进入子程序,对它进行编辑。

2. 子程序指令

子程序指令包含子程序的调用指令及子程序的返回指令。子程序调用指令将程序控制权交给子程序 SBR_N,可以使用带参数或不带参数的"调用子例行程序"指令。该子程序执行完成后,程序控制权返回到子程序调用指令的下一条指令。子程序调用指令位于指令树的"调用子例行程序"分支中,建立一个子程序相应地就在该分支中产生一个该子程序的调用指令(即只有建立了子程序后,才可以使用该子程序的调用指令)。

STEP 7-Micro/WIN 会自动在子程序末尾加上返回指令。S7-200 CPU 还提供了条件返回指令(RET),该指令用在子程序的内部,根据条件选择是否提前返回调用它的程序。条件返回指令在指令树的"程序控制"分支中。

子程序指令如表1.7.22所示。

表 1.7.22　子程序指令

指令名称	梯形图	语句表	指令功能
调用子程序指令	SBR_N — EN	CALL SBR_N	当 EN 端输入接通时,调用子程序 SBR_N
条件返回指令	—(RET)	CRET	从子程序中返回

图1.7.32为子程序调用的使用举例。在子程序中使用了条件返回指令RET,若条件满足则提前从子程序返回,否则应执行到子程序末尾再返回。

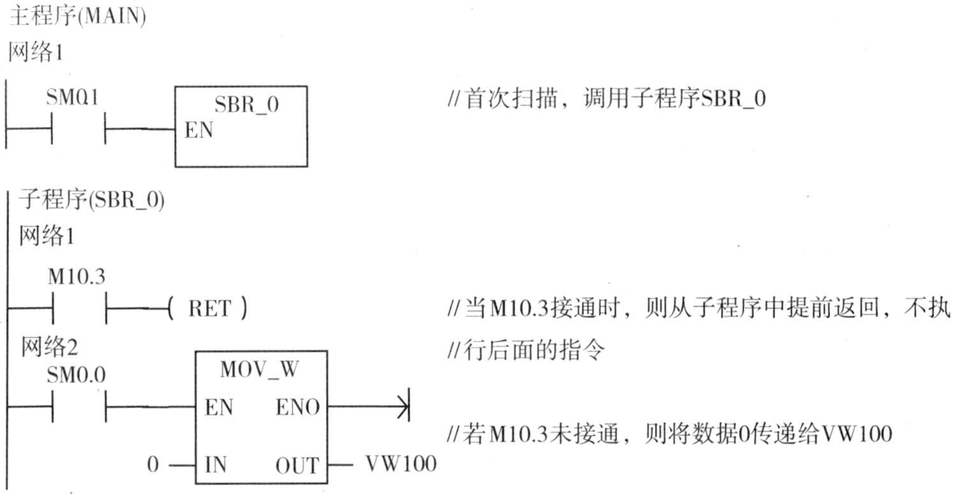

主程序(MAIN)
网络1

```
     SMQ1        ┌─────────┐
   ──┤  ├──┤ ├──┤  SBR_0   │        //首次扫描,调用子程序SBR_0
                │ EN       │
                └─────────┘
```

子程序(SBR_0)
网络1

```
     M10.3
   ──┤  ├──────( RET )              //当M10.3接通时,则从子程序中提前返回,不执
网络2                               //行后面的指令
     SM0.0     ┌─────────┐
   ──┤  ├──────┤ MOV_W   │
             │ EN   ENO ├──        //若M10.3未接通,则将数据0传递给VW100
          0 ─┤ IN   OUT ├─ VW100
             └─────────┘
```

图 1.7.32　子程序调用指令使用举例

3. 带参数调用子程序

程序中的每个POU都有自己的由64B L 存储器组成的局部变量表。它们用来定义有范围限制的变量,局部变量只在它被创建的POU中有效。在主程序或中断程序中,局部变量表只包含TEMP变量。子程序的局部变量表中的变量类型有4种(如图1.7.33所示)。

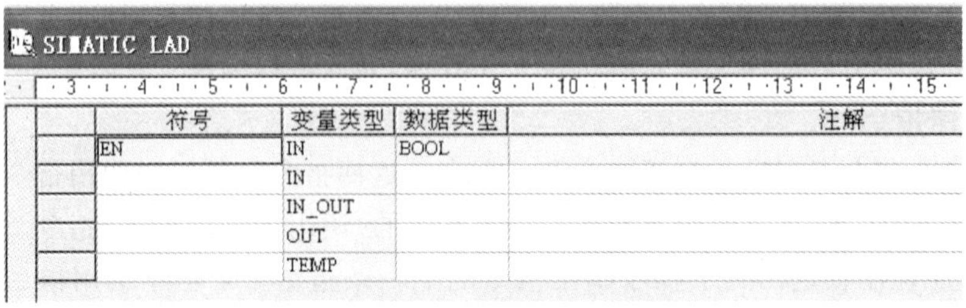

符号	变量类型	数据类型	注解
EN	IN	BOOL	
	IN		
	IN_OUT		
	OUT		
	TEMP		

SIMATIC LAD

图 1.7.33　子程序的局部变量表

(1) IN(输入变量):由调用它的POU提供的输入参数。

（2）OUT（输出变量）：返回给调用它的 POU 的输出参数。

（3）IN_OUT（输入输出变量）：其初始值由调用它的 POU 提供，被子程序修改后返回给调用它的 POU。

（4）TEMP（临时变量）：不能用来传递参数，仅用于子程序内部暂存数据。

定义参数时必须指定参数的符号名称（最多 23 个英文字符）、变量类型和数据类型。1个子程序最多可以传递 16 个参数。如要在局部变量表中加入 1 个参数，首先根据变量类型选择合适的行，在符号格中输入符号名称，在数据类型格中鼠标左键单击，在弹出的数据类型选项栏中选择即可。

图 1.7.34 所示的是一个带参数调用的子程序举例。编辑完成的子程序及其局部变量表如图 1.7.34 所示，图 1.7.35 是其主程序。

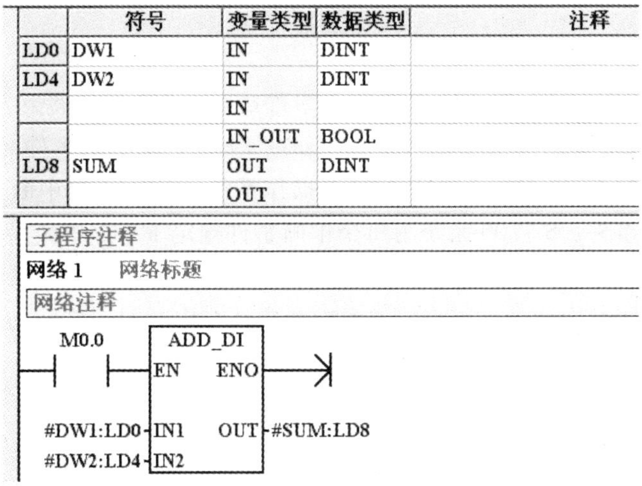

	符号	变量类型	数据类型	注释
LD0	DW1	IN	DINT	
LD4	DW2	IN	DINT	
		IN		
		IN_OUT	BOOL	
LD8	SUM	OUT	DINT	
		OUT		

子程序注释

网络 1　网络标题

网络注释

```
    M0.0      ADD_DI
    ─┤ ├──────┤EN   ENO├────( )
              │           │
#DW1:LD0─────┤IN1   OUT├─#SUM:LD8
#DW2:LD4─────┤IN2      │
```

图 1.7.34　带参数调用的子程序

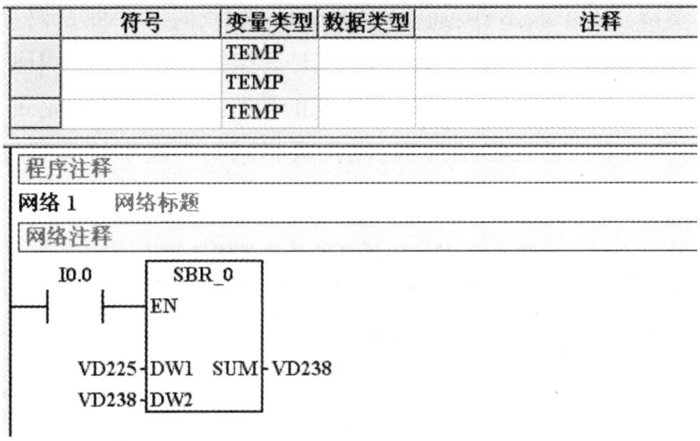

	符号	变量类型	数据类型	注释
		TEMP		
		TEMP		
		TEMP		

程序注释

网络 1　网络标题

网络注释

```
    I0.0      SBR_0
    ─┤ ├──────┤EN
              │
    VD225────┤DW1  SUM├─VD238
    VD238────┤DW2
```

图 1.7.35　主程序

图 1.7.35 中的子程序完成两个双字类型的整数相加功能。主程序将进行相加的实际数据分别传送给子程序的两个参数 DW1 和 DW2，并将二者的和保存在从 VD238 开始的 4个字节中。

子程序中定义了 3 个变量 DW1、DW2 和 SUM，这些变量也称为子程序的参数。子程序的参数必须在子程序的局部变量表中定义,如图1.7.34中所示。

按照子程序指令的调用顺序,参数值分配给局部变量存储器(L存储器),编程时,系统对每个变量自动分配局部存储器地址。如局部变量表中的LD0、LD4和LD8等。

子程序的参数是形式参数,并不是具体的数值或者变量地址,而是以符号定义的参数。这些参数在调用子程序时被实际的数据代替。子程序中变量符号名称前的"♯"号表示该变量是局部符号变量。

子程序可以被多次调用,带参数的子程序在每次调用时可以对不同的变量、数据进行相同的运算、处理,以提高程序编辑和执行的效率,节省程序存储空间。

7.4.7　中断指令

1.中断概述

PLC采用的循环扫描的工作方式,使突发事件或意外情况不能得到及时的处理和响应。为了解决此问题,PLC提供了中断这种工作方式。PLC处理中断事件需要执行中断程序,中断程序是用户编写的,当中断事件发生时由操作系统调用。所谓中断事件是指能够用中断功能处理的特定事件。S7-200系统为每个中断事件规定了一个中断事件号。响应中断事件而执行的程序称为中断服务程序,把中断事件号和中断服务程序关联起来才能执行中断处理功能。若要关闭某中断事件则需要取消中断事件与中断程序之间的联系。这些功能在PLC中可以使用相关的中断指令来完成。

多个中断事件可以调用同一个中断程序,一个中断事件不可以连接多个中断程序。中断程序或中断程序调用的子程序不会再被中断。

中断事件可能在PLC程序扫描循环周期中的任意时刻发生。执行中断服务程序前后,系统会自动保护和恢复被中断的程序运行环境,以避免中断程序对主程序可能造成的影响。

S7-200 CPU支持三类中断事件:通信中断、I/O中断、时基中断。以上中断事件中通信中断优先级最高,时基中断优先级最低。任何时刻只能执行一个用户中断程序。中断程序执行过程中发生的其他中断事件不会影响该中断的执行,而是按照优先级和发生时序排队。队列中优先级高的中断事件首先得到处理,优先级相同的中断事件先到先处理。中断事件号及其优先级见表1.7.23。

表1.7.23　中断事件号及其优先级

事件号	中断描述	优先级	优先组中的优先级	CPU支持			
				221	222	224	224XP 226
8	端口0:接收字符	通信(最高)	0	√	√	√	√
9	端口0:发送完成		0	√	√	√	√
23	端口0:接收信息完成		0	√	√	√	√
24	端口1:接收信息完成		1				√
25	端口1:接收字符		1				√
26	端口1:发送完成		1				√

事件号	中 断 描 述	优先级	优先组中的优先级	CPU 支持			
				221	222	224	224XP 226
19	PTO 0 完成中断		0	√	√	√	√
20	PTO 1 完成中断		1	√	√	√	√
0	上升沿,I0.0		2	√	√	√	√
2	上升沿,I0.1		3	√	√	√	√
4	上升沿,I0.2		4	√	√	√	√
6	上升沿,I0.3		5	√	√	√	√
1	下降沿,I0.0		6	√	√	√	√
3	下降沿,I0.1		7	√	√	√	√
5	下降沿,I0.2		8	√	√	√	√
7	下降沿,I0.3		9	√	√	√	√
12	HSC0 CV = PV(当前值 = 预置值)		10	√	√	√	√
27	HSC0 输入方向改变	I/O	11	√	√	√	√
28	HSC0 外部复位	(中等)	12	√	√	√	√
13	HSC1 CV = PV(当前值 = 预置值)		13			√	√
14	HSC1 输入方向改变		14			√	√
15	HSC1 外部复位		15			√	√
16	HSC2 CV = PV(当前值 = 预置值)		16			√	√
17	HSC2 输入方向改变		17			√	√
18	HSC2 外部复位		18			√	√
32	HSC3 CV = PV(当前值 = 预置值)		19	√	√	√	√
29	HSC4 CV = PV(当前值 = 预置值)		20	√	√	√	√
30	HSC4 输入方向改变		21	√	√	√	√
31	HSC4 外部复位		22	√	√	√	√
33	HSC5 CV = PV(当前值 = 预置值)		23	√	√	√	√
10	定时中断 0,SMB34		0	√	√		√
11	定时中断 1,SMB35	定时	1	√	√		√
21	定时器 T32 CT = PT 中断	(最低)	2	√	√	√	√
22	定时器 T96 CT = PT 中断		3	√	√	√	√

　　表 1.7.24 给出了 3 个中断队列以及它们能够存储的中断个数。有时,可能有多于队列所能保存数目的中断出现,因而,由系统维护的队列溢出存储器位表明丢失的中断事件的类型。中断队列溢出标志位如表 1.7.25 所示。应当只在中断程序中使用这些位,因为在队列

变空时,这些位会被复位,控制权回到主程序。

表 1.7.24　每个中断队列的最大数目

队列	CPU 211、CPU 222、CPU 224	CPU 224XP 和 CPU 226
通信中断队列	4	8
I/O 中断队列	16	16
定时中断队列	8	8

表 1.7.25　中断队列溢出标志位

描述(0 = 不溢出,1 = 溢出)	SM 位
通信中断队列	SM4.0
I/O 中断队列	SM4.1
定时中断队列	SM4.2

2. 中断指令

S7-200 系统的中断指令见表 1.7.26。

表 1.7.26　中断指令

指令名称	梯形图	语句表	指令功能
中断允许指令	—(ENI)	ENI	全局地允许所有被连接的中断事件
中断禁止指令	—(DISI)	DISI	全局地禁止处理所有中断事件
中断连接指令	ATCH EN　ENO INT EVNT	ATCH INT,EVNT	将中断事件 EVNT 与中断服务程序号 INT 相关联,并使能该中断事件
中断分离指令	DTCH EN　ENO EVNT	DTCH EVNT	将中断事件 EVNT 与中断服务程序之间的关联切断,并禁止该中断事件
中断条件返回指令	—(RETI)	CRETI	用于根据前面的逻辑操作的条件,从中断服务程序中返回
消除中断事件	CLR_EVNT EN　ENO EVNT	CEVNT EVNT	从中断队列中清除所有 EVNT 类型的中断事件

（1）中断允许指令 ENI（Enable Interrupt）：全局地允许所有被连接的中断事件。

（2）中断禁止指令 DISI（Disable Interrupt）：全局地禁止处理所有中断事件。允许中断事件排队等候，但不允许执行中断服务程序，直到用全局中断允许指令 ENI 重新允许中断。

（3）当进入 RUN 模式时，中断被自动禁止。在 RUN 模式执行全局中断允许指令后，各中断事件发生时是否会执行中断程序，取决于是否执行了该中断事件的中断连接指令。

（4）中断连接指令 ATCH（Attach Interrupt）：将中断事件 EVNT 与中断程序号 INT 相关联，并使能该中断事件。也就是说，执行 ATCH 后，该中断程序在事件发生时被自动启动。因此，在启动中断程序之前，应在中断事件和该事件发生时希望执行的中断程序之间，用 ATCH 指令建立联系。

（5）中断分离指令 DTCH（Detach Interrupt）：用来断开中断事件 EVNT 与中断程序 INT 之间的联系，从而禁止单个中断事件。

（6）中断条件返回指令 CRETI（Conditional Return from Interrupt）：用于根据前面的逻辑操作的条件，从中断服务程序中返回，编程软件自动为各中断程序添加无条件返回指令。

（7）清除中断事件指令 CEVNT（Clear Event）：从中断队列中清除所有的中断事件，该指令可以用来消除不需要的中断事件。如果用来清除假的中断事件，首先应分离事件。否则，在执行该指令之后，新的事件将增加到队列中。

在中断程序中不能使用 DISI、ENI、HDEF、LSCR 和 END 指令。

3．中断程序的建立

STEP 7-Micro/WIN 在打开程序编辑器时，默认提供了一个空的中断程序 INT_0，用户可以直接在其中输入程序。除此之外，用户还可以用以下 3 种方法创建中断程序：

（1）在"编辑"菜单中执行命令"插入"/"中断"。

（2）在程序编辑器视窗中点击鼠标右键，从弹出菜单中执行"插入"/"中断"。

（3）用鼠标右键点击指令树上的"程序块"图标，并从弹出的菜单中选择"插入"/"中断"。

以上 3 种方法创建中断程序后，程序编辑器将从原来的 POU 显示进入新的中断服务程序（可以在其中编程），程序编辑器底部出现新的中断程序标签。

中断程序提供对特殊（或紧急）内部事件和外部事件的快速响应。中断程序应尽量短小、简单，以减少中断程序的执行时间，减少对其他处理的延迟。中断程序在执行完某项特定任务后，应立即返回主程序，否则可能引起主程序控制的设备操作异常。

4．中断指令举例

中断指令使用举例 1 见表 1.7.27，表中给出了主程序和中断服务程序及相应的指令功能。表 1.7.28 为用定时中断读取模拟量数值的程序举例。

表 1.7.27　中断指令使用举例 1

程序类型	网络号	梯　形　图	指令功能
MAIN	网络 1	SM0.1 ── ATCH EN ENO ─ INT_0-INT 1-EVNT ──(ENI)	(1) 首次扫描,定义事件 1 (I0.0 的下降沿)中断服务程序为 INT_0 (2) 全局中断允许
	网络 2	SM5.0 ── DTCH EN ENO ─ 1-EVNT	如果检测到 I/O 错误,禁止事件 1(I0.0 的下降沿)的中断,该程序段是可选的
	网络 3	M5.0 ──┤├──(DISI)	当 M5.0 接通时,禁止所有中断
INT_0		SM5.0 ──┤├──(RETI)	事件 1(I0.0 的下降沿)的中断服务程序:当有 I/O 错误时返回

表 1.7.28　定时中断读取模拟量值的程序

程序类型	梯　形　图	指令功能
MAIN	SM0.1 ──┤├── SBR_0 EN	首次扫描,调用 0 号子程序 SBR_0
SBR_0	SM0.0 ── MOV_B EN ENO ─ 100-IN OUT-SMB34 ── ATCH EN ENO ─ INT_0-INT 10-EVNT ──(ENI)	(1) 设置定时中断 0 的时间间隔为 100ms (2) 连接 INT_0 到事件 10(定时中断 0) (3) 全局中断允许
INT_0	SM0.0 ──┤├── MOV_W EN ENO ─ AIW4-IN OUT-VW100	每 100 ms 读 AIW4 的值

7.5　S7-200 编程软件 STEP 7-Micro/WIN

7.5.1　编程软件概述

STEP 7-Micro/WIN 是西门子公司为 S7-200 系列 PLC 的开发而设计的,是基于 Windows 操作系统的应用软件,其功能非常强大,操作方便、使用简单、容易学习。软件支持中文界面。其基本功能是创建、编辑和修改用户程序以及编译、调试、运行和实时监控用户程序。

本节以该软件的 V4.0 版本为例介绍该软件的使用,其他版本的界面、操作等可能会有差异,具体可参考相应版本的界面和帮助。

STEP 7-Micro/WIN V4.0 是用于 S7-200 PLC 的 32 位编程软件,V4.0 是该软件的大版本号,西门子公司还推出一系列 Service Pack(即 SP)进行小的升级,使用 SP 对软件升级可以获得新的功能。该软件一般向下兼容,即低版本软件编写的程序可以在高版本软件中打开,但反之则不能。

7.5.2　软件安装

在安装 STEP 7-Micro/WIN 之前,要关闭所有应用程序,包括 Microsoft Office 快捷工具栏。双击安装软件文件夹中的"setup.exe"文件,按照安装向导的安装提示即可完成软件的安装。

(1) 安装向导首先提示选择安装过程中使用的语言,默认是英语。

(2) 选择安装目标文件夹,默认路径为 C:\Program Files\Siemens\STEP 7-MicroWIN V4.0,用户也可以根据需要,单击"Browse"按钮重新选择安装目录。

(3) 安装过程中,会出现"Set PG/PC Interface"(设置编程器/计算机接口)对话框。选择"PC/PPI Cable",单击"OK"即可。

(4) 安装完成后,单击对话框上的"Finish"按钮重新启动计算机,完成安装。

(5) 重新启动计算机后,运行 STEP 7-Micro/WIN 软件,看到的是英文界面。如果想切换为中文环境,执行菜单命令"Tools"→"Options",点击出现的对话框左边的"General"图标,在"General"选项卡中,选择语言为"Chinese",单击"OK"按钮后,软件将退出(退出前会给出提示)。退出后,再次启动该软件,界面和帮助文件均变为中文。

STEP 7-Micro/WIN 以发布 Service Pack 的形式来进行优化和增添新的功能。可以从西门子的网站上下载升级包。安装一次最新的升级包,就可以将软件升级到当前的最新版本。但是,安装升级包只能实现在同一个大版本号序列中的升级,而不能升级到版本号。

7.5.3　计算机和 PLC 的通信

1．硬件连接

计算机和 PLC 之间最简单和经济的方式是使用 PC/PPI(RS-232/PPI 或 USB/PPI)多主站电缆，它将 S7-200 PLC 的编程口与计算机的 RS-232 或 USB 相连。具体连接如下：

(1) 将 PPI 电缆上标有"PPI"的 RS-485 端连接到 S7-200 PLC 的通信口。

(2) 如果是 RS-232/PPI，则将 PPI 电缆上标有"PC"的 RS-232 端连接到计算机的 RS-232 通信口。电缆小盒的侧面有拨码开关，用来设置通信波特率、数据位数、工作方式、远端模式等。如果是 USB/PPI，则将 PPI 电缆上标有"PC"的 USB 端连接到计算机的 USB 口，拨码开关不需要做任何设置(RS-232/PPI 也可以通过使用 USB/RS-232 转换器连接到计算机 USB 口)。

2．通信设置

软件安装和硬件连接完毕，可以按照以下步骤设置通信接口的参数。

(1) 打开"设置 PG/PC 接口"对话框的方法有以下几种：

① 在 STEP 7-Micro/WIN 中选择菜单命令"查看"→"组件"→"设置 PG/PC 接口"。

② 选择"查看"→"组件" →"通信"'，在出现的"通信"对话框中双击 PC/PPI 电缆的图标(或单击"设置 PG/PC 接口"图标)。

③ 直接单击浏览条中的"设置 PG/PC 接口"。

④ 双击指令树中"通信"指令下的"设置 PG/PC 接口"指令。

执行以上步骤均可以进入"设置 PG/PC 接口"对话框，如图 1.7.36 所示。

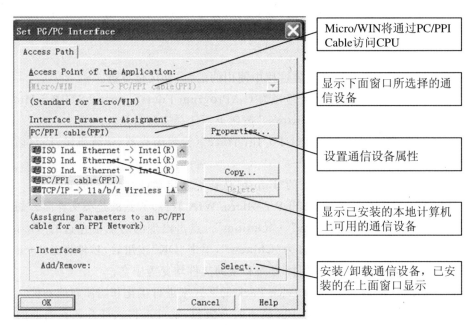

图 1.7.36　"设置 PG/PC 接口"对话框

(2) 图 1.7.36 中，Interface Parameter Assignment 选择项缺省是 PC/PPI Cable

（PPI）。单击"Properties"按钮，出现 PC/PPI Cable(PPI)属性窗口，如图 1.7.37 所示。

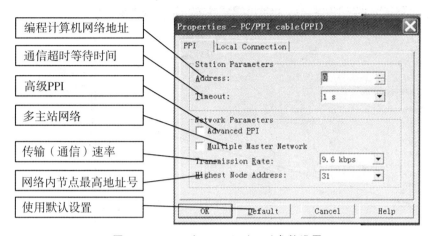

图 1.7.37　PC/PPI Cable(PPI)参数设置

Station Parameters(站参数)的 Address(地址)框中，运行 STEP 7-Micro/WIN 的计算机(主站)的默认站地址为 0。

在 Timeout(超时)框中设置建立通信的最长时间，默认值为 1 s。

选择 Multiple Master Network(多主站网络)，即可以启动多主站模式，未选时为单主站模式。在多主站模式中，编程计算机和 HMI(如 TD200 和触摸屏)是通信网络中的主站，S7-200 CPU 作为从站。单主站模式中，用于编程的计算机是主站，一个或多个 S7-200 是从站。

Advanced PPI(高级 PPI)的功能是允许在 PPI 网络中与一个或多个 S7-200 CPU 建立多个连接。S7-200 CPU 的通信口 0 和通信口 1 分别可以建立 4 个连接。

如果使用多主站 PPI 电缆，可以忽略 Multiple Master Network 和高级 PPI 复选框。

Transmission Rate(传输速率)的默认值为 9.6 kbps。

根据网络中的设备数选择最高站地址，这是 STEP 7-Micro/WIN 停止检查 PPI 网络中其他主站的地址。

以上默认参数一般不必改动，核实之后直接点击"OK"即可。

（3）在 Local Connection(本地连接)选项卡中，在下拉列表框中选择实际连接的编程计算机 COM 口(RS-232/PPI 电缆)或 USB 口(USB/PPI 电缆)，如图 1.7.38 所示。选择完成后，单击"OK"按钮。

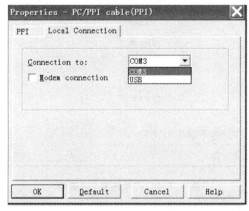

图 1.7.38　选择编程计算机通信口

（4）打开"通讯"对话框，鼠标双击刷新图标，如图 1.7.39 所示。

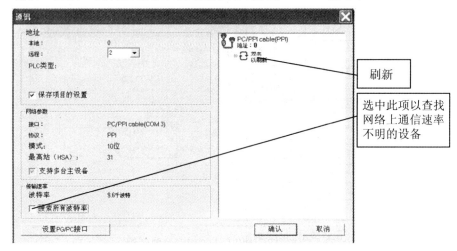

图 1.7.39 "通讯"对话框

（5）执行刷新指令后，将检查所连接的所有 S7-200 CPU 站，并为每个站建立一个 CPU 图标，并显示该 CPU 的型号、版本号和网络地址。

完成上述步骤后，就建立了计算机和 S7-200 PLC 之间的在线联系。

7.5.4 PLC 通信参数设置

建立了计算机和 PLC 的在线联系后，就可以利用 STEP 7-Micro/WIN 软件检查、设置和修改 PLC 通信参数。

单击浏览条中的"系统块"图标，或者选择"查看"→"组件"→"系统块"选项，将打开"系统块"对话框，如图 1.7.40 所示。

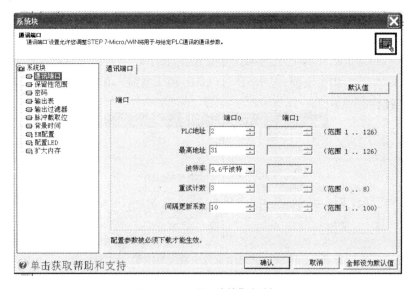

图 1.7.40 "系统块"对话框

在图 1.7.40 中,用鼠标单击系统块下方感兴趣的图标,打开对应的选项卡,检查和修改有关参数,确认无误后,按"确认"按钮确认设置的参数,并自动退出系统块窗口。

设置完所有的参数后,单击工具栏中的"下载"按钮,把修改后的参数下载到 PLC。只有把所有修改后的参数下载到 PLC 中,设置的参数才起作用。

7.5.5　不同 PLC 类型设置

单击菜单"PLC"下的"类型"项,会弹出 PLC 类型设置对话框,如图 1.7.41 所示,在 PLC 类型下拉菜单条中,可以选择 PLC 的类型;在 CPU 版本下拉菜单条中,可以选择 CPU 版本号。如果希望软件检查 PLC 的存储区范围参数,可以单击"读取 PLC"按钮。本对话框中也有一个"通信"按钮,功能同前所述。

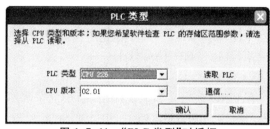

图 1.7.41　"PLC 类型"对话框

7.5.6　STEP 7-Micro/WIN 编程的概念和规则

基于计算机的编程软件 STEP 7-Micro/WIN V4.0 提供了不同的编辑器选择,用于创建控制程序。对于初学者来说,在语句表、梯形图、功能块图这 3 种编辑器中,梯形逻辑编辑器最易于了解和使用,故而下面主要以梯形逻辑编辑器(简称 LAD 编辑器)为例,介绍 STEP 7-Micro/WIN 编程的一些基本概念和规则。

1. 网络

在梯形图中,程序被分成称为"网络"的一些段。一个网络是触点、线圈和功能框的有序排列。能流只能从左向右流动,网络中不能有断路、开路和反方向的能流。STEP 7-Micro/WIN V4.0 允许以网络为单位给梯形图程序加注释。

FBD 编程使用网络概念给程序分段和加注释。

STL 程序不使用网络,但是,可以使用 Network 这个关键词对程序分段。如果这样,可以将 STL 程序转换成 LAD 或 PBD 程序。

2. 执行分区

在 LAD、PBD 或 STL 中,一个程序应包含一个主程序。除此之外,还可以包括一个或多个子程序或者中断程序。通过选择 STEP 7-Micro/WIN V4.0 的分区选项,可以容易地在程序之间进行切换。

3. EN/ENO

EN(使能输入)是 LAD 和 FBD 中功能块的布尔量输入。对于要执行的功能块,这个输入必须存在能流。在 STL 中,指令没有 EN 输入,但是对于要执行的 STL 语句,栈顶的值必须是"1"，指令才能执行。

ENO（使能输出）是 LAD 和 FBD 中功能块的布尔量输出。它可以作为下一个功能块的 EN 输入，即几个功能块可以串联在一行中。只有前一个功能块被正确执行，该功能块的 ENO 输出才能把能流传到下一个功能块，下一个功能块才能被执行。如果在执行过程中存在错误，那么能流就在出现错误的功能块处终止。

在 SIMTIC STL 中没有 ENO 输出，但是，与带有 ENO 输出的 LAD 和 FBD 指令相对应的 STL 指令设置了一个 ENO 位。可以用 STL 指令的 AENO（AND ENO）指令存取 ENO 位，可以用来产生与功能块的 ENO 相同的效果。

4. 条件输入、无条件输入指令

必须有能流输入才能执行的功能块或线圈指令称为条件输入指令，它们不能直接连接到左侧母线上。如果需要无条件执行这些指令，可以用接在左侧母线上的 SM0.0（如果 PLC 正常，则该位始终为 1）的常开触点来驱动它们。

有的线圈或功能块的执行与能流无关，例如标号指令 LBL 和顺序控制指令 SCR 等，称为无条件输入指令，应将它们直接接在左侧母线上。

5. 无输出的指令

不能级联的指令块没有 ENO 输出端和能流流出，如子程序调用、JMP、CRET 等。也有只能放在左侧母线的梯形图线圈，它们包括 LBL、NEXT、SCR 和 SCRE 等。

6. LAD 编辑器符号说明

被编程软件自动加双引号的符号名表示其是全局符号名。符号"♯varl"中的"♯"表示该符号后的 varl 是局部变量。

▭方框提示要进行输入操作的位置。红色问号操作数"??.?"或"????"表示需要输入的地址或数值。红色波浪线或红字提示操作数错误，绿色波浪线显示变量或符号的使用未经定义。

梯形图中的符号"—→"表示输出的是一个可选的能量流，用于指令的级联。

梯形图中的符号"—≫"指示有一个值或一个能流可以使用。

7.5.7　STEP 7-Micro/WIN V4.0 软件界面及功能

STEP 7-Micro/WIN 把每个 S7-200 系统的用户程序、系统设置等保存在一个项目文件中，扩展名为 mwp。打开一个 *.mwp 文件就打开了相应的工程项目。

图 1.7.42 所示的是 STEP 7-Micro/WIN V4.0 编程软件的主界面，界面包括菜单条、浏览条、指令树、工具栏、项目提示、输出窗口等几部分，各部分的功能如下。

1. 菜单条

STEP 7-Micro/WIN V4.0 的主菜单包括 8 个菜单项。

（1）文件菜单项。

主要功能包括新建、打开、关闭、保存、另存为、设置密码、导入、导出、上载、下载、创建库、增加/移除库、页面设置、打印预览、打印、退出等。

（2）编辑菜单项。

和大多数软件的编辑菜单类似，提供编辑程序用的各种工具，例如撤销、剪切、复制、粘贴、全选、插入、删除、查找、替换等。

（3）查看菜单项。

设置编程软件的开发环境。主要功能包括：编程语言选择（在 STL、LAD、FBD 切换）、元件（包含引导条中的所有操作项目）、符号编址、符号表、符号信息表、POU 注解、网络注解、工具栏、帧、书签、属性等。

（4）PLC 菜单项。

用于实现与 PLC 联机时的操作，包括改变 PLC 的工作模式（运行或停止）、编译、全部编译、清除内存、通电时重新设置、PLC 类型、内存盒编程或擦除等。

（5）调试菜单项。

用于联机调试。

（6）工具菜单项。

提供复杂指令向导，使编程更容易，自动化程度更高；自定义界面风格、选项等。

（7）窗口菜单项。

打开一个或多个窗口，并进行窗口间的切换；窗口的不同排列方式设置。

（8）帮助菜单项。

可以方便地检索各种帮助信息，并提供网上查询功能。

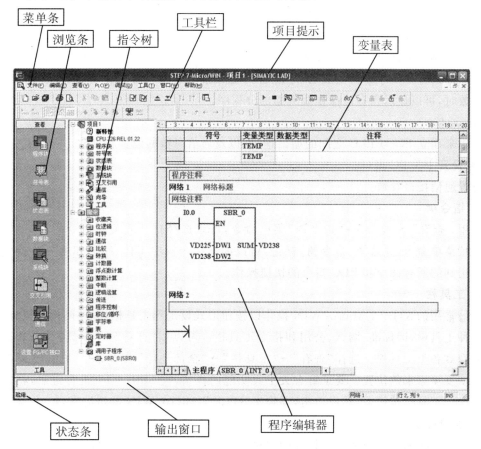

图 1.7.42　STEP 7-Micro/WIN V4.0 的中文主界面

2．浏览条

利用"查看"→"框架"→"浏览条"菜单命令，可以选择打开或关闭浏览条，选择"工具"→"选项"菜单命令，并选择"浏览条"标记，可以编辑浏览条中字体、字形和字号。

利用浏览条可以实现编程过程中使用按钮控制的快速窗口切换功能，即单击任何一个按钮，则主窗口切换成此按钮对应的窗口，完成窗口间的快速切换。浏览条中具有程序块、符号表、状态表、数据块、系统块、交叉引用、通信、设置 PG/PC 接口 8 个按钮。

各个按钮的作用如下：

（1）程序块。

切换到程序编辑器窗口。

（2）符号表。

允许用便于记忆的符号来代替存储器的地址，并可以附加注释，使程序更加便于理解。

（3）状态表。

用于联机调试时监视各变量的状态和当前值。可以建立一个或多个状态表。

（4）数据块。

可以对变量寄存器 V 进行初始数据的赋值或修改，并可附加必要的注释。

（5）系统块。

用于配置 S7-200 PLC 的 CPU 选项。

（6）交叉引用。

可以提供交叉索引信息、字节使用情况和位使用情况信息，使得 PLC 资源的使用情况一目了然。只有在程序编辑完成后，才能看到交叉索引表的内容。在交叉索引表中双击某个操作数时，可以显示含有该操作数的那部分程序。

（7）通信。

可用来建立 PC 与 PLC 之间的通信连接，以及通信参数的设置和修改。

（8）设置 PG/PC 接口。

设置通信接口参数。

3．指令树

利用"查看"→"框架"→"指令树"菜单命令，可以选择打开或关闭指令树，选择"工具"→"选项"菜单命令，并选择"指令树"标记，可以编辑指令树中字体、字形和字号。指令树包含编程用到的所有命令和 PLC 指令的快捷操作。

4．工具栏

将最常用的 STEP 7-Micro/WIN 操作以按钮形式设定到工具栏，提供简便的鼠标操作。共有 4 种工具栏，即标准、调试、公用和指令工具栏。可以用"查看"→"工具栏"中的选项来显示或隐藏各类工具栏。选择"查看"→"工具栏"→"全部还原"菜单命令，则在主窗口中将工具栏恢复至原来的位置。要了解有关工具功能的详情，按 Shift + F1 组合键后，将鼠标指针放在一个工具栏按钮上，然后单击，即弹出 STEP 7-Micro/WIN 的帮助窗口。

5．项目提示

项目提示用来指示当前用户设计的项目名称。

6．程序编辑器

程序编辑器提供 LAD、STL、FBD 三种程序编写方式。单击程序编辑器底部的标签，可以在主程序、子程序和中断服务程序之间切换。

7. 状态条

状态条位于主程序底部，提供有关在 STEP 7-Micro/WIN 操作的信息。

8. 输出窗口

输出窗口显示 STEP 7-Micro/WIN 程序的编译结果信息，如各程序块信息、编译结果有无错误以及错误代码和位置等。使用"查看"→"帧"→"输出窗口"菜单命令，在窗口打开和关闭之间切换。

7.5.8　创建工程及程序编写

1. 生成一个工程文件

用 STEP 7-Micro/WIN 软件创建的工程文件的扩展名为 mwp。生成一个工程文件的方法有 3 种，即新建一个项目文件、打开已有的项目文件和从 PLC 上载项目文件。

（1）新建一个项目文件。

有以下 3 种方法创建一个新项目：

① 选择"文件"→"新建"菜单命令。

② 单击工具栏中的"新建项目"按钮。

③ 按 Ctrl+N 组合键。

每个 STEP 7-Micro/WIN 只能打开一个项目。如果需要同时打开两个项目，必须运行两个 STEP 7-Micro/WIN 软件，此时可在两个项目之间复制和粘贴 LAD/FBD 程序元素和 STL 文本。

（2）打开已有的项目文件。

打开现有项目的方法有以下 4 种：

① 选择"文件"→"打开"菜单命令。

② 单击工具栏中的"打开项目"按钮。

③ 按 Ctrl+O 组合键。

④ 打开 *.mwp 文件所在文件夹，双击该 mwp 文件。

（3）从 PLC 上载项目文件。

有以下 3 种方法从 PLC 上传项目文件到 STEP 7-Micro/WIN 程序编辑器：

① 选择"文件"→"上载"菜单命令。

② 单击工具栏中的"上载项目"按钮。

③ 按 Ctrl+U 组合键。

2. 程序编写

以图 1.7.43 所示的梯形图为例介绍程序的输入操作。运行 STEP 7-Micro/WIN 即建立一个缺省项目名称为"项目 1"的项目。或者利用菜单档新建、打开项目亦可。利用程序编辑器窗口进行编程操作。

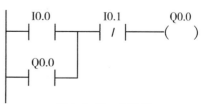

图 1.7.43　梯形图

（1）输入程序。

在 LAD 编辑器中有 4 种输入程序指令的方法：鼠标拖放、鼠标单击、工具栏按钮、特殊功能键(如 F4、F6、F9 等)。

①　鼠标单击输入程序的方法。

步骤如图 1.7.44 所示,如下 3 个步骤:

a) 在程序编辑窗口选择指令的位置。

b) 在指令树中找到要输入的指令单击则将其添加在所指定的位置上。

c) 补充完指令所需的地址或数据。

②　鼠标拖放输入程序的方法。

不需要在程序编辑窗口选择指令的位置,只需在指令树中找到要输入的指令并按住鼠标左键不放,将其拖到所要放置的位置释放即可。

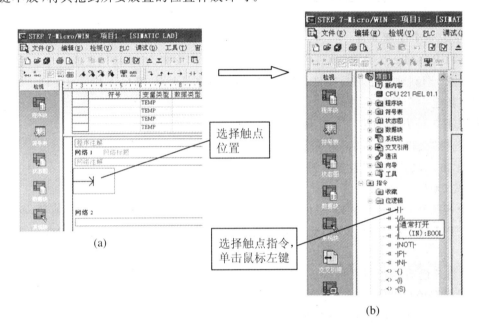

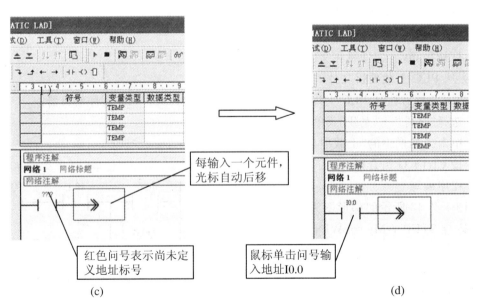

图 1.7.44　单击鼠标左键输入程序

③ 使用工具栏上的编程按钮输入程序的方法。

工具栏上的编程按钮如图 1.7.45 所示。使用工具栏上的编程按钮输入程序步骤如下：

a）在程序编辑窗口选择指令的位置。

b）在工具栏上单击指令按钮，在弹出的下拉菜单中选择需要的指令。

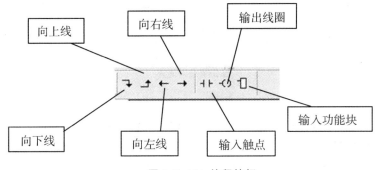

图 1.7.45　编程按钮

④ 使用特殊功能键输入程序的方法。

a）在程序编辑窗口选择指令的位置。

b）按计算机键盘上的 F4、F6 或 F9，在弹出的下拉菜单中选择需要的指令。

（2）编辑 LAD 线段。

LAD 程序使用线段连接各个元件，可以使用工具栏上的"向下线"、"向上线"、"向左线"、"向右线"等连线按钮，或者用键盘上的 Ctrl 加上、下、左、右箭头键进行编辑。

（3）插入和删除。

STEP 7-Micro/WIN 软件支持常用编辑软件所具备的插入和删除功能。通过键盘或者菜单命令可以方便地插入和删除一行、一列、一个网络、一个子程序或者中断程序，在编辑区右键单击要进行操作的位置，弹出快捷菜单，选择"插入"或"删除"选项，在弹出的子菜单中单击要插入或删除的项。子菜单中的"竖直"用来插入和删除垂直的并联线段，也可以用"编辑"菜单中的命令进行以上相同的操作。按键盘上的 Delete 键可以删除光标所在位置的元件。

（4）程序块操作。

在编辑器左母线左侧用鼠标单击，可以选中整个程序块。按住鼠标左键拖动，可以选中多个程序块。对选中的程序块可以进行剪切、删除、复制和粘贴等操作，方法与一般文字处理软件中的相应操作方法完全相同，也可以通过菜单操作。

3．程序编译和下载

在 STEP 7-Micro/WIN 中编辑的程序必须编译成 S7-200 CPU 能识别的机器指令，才能下载到 S7-200 CPU 内运行。

选择"PLC"→"编译"或者"全部编译"菜单命令，或者鼠标左键单击工具栏 ☑ 或 ☑ 按钮来执行编译功能。编译命令，编译当前所在的程序窗口或数据块窗口；全部编译命令，编译项目文件中所有可编译的内容。

执行编译后，在信息输出窗口会显示相关的结果。图 1.7.46 为图 1.7.43 所示程序，执行全部编译命令后的编译结果，编译结果没有错误。信息输出窗口会显示程序块和数据块的大小以及编译中发现的错误。如果故意制造错误，例如将 Q0.0 改为 Q80.0，重新编译结果如图

1.7.47所示,显示程序块中有1个错误,并给出错误所在网络、行、列、错误代码及描述。

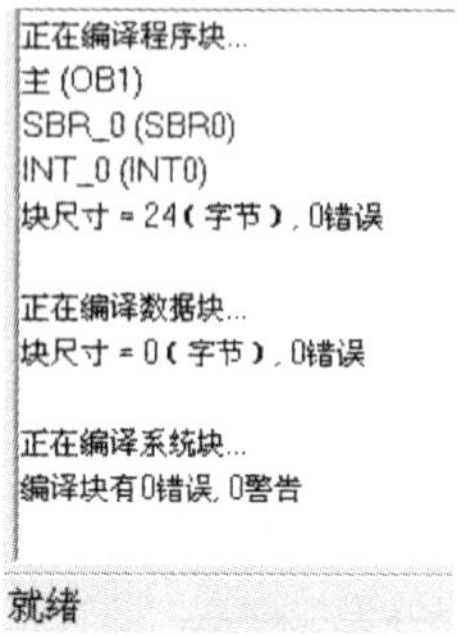

图1.7.46　编译成功的例子 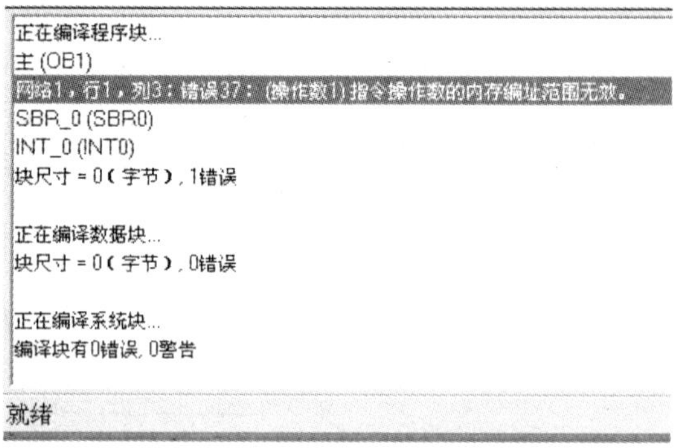　　　　　　图1.7.47　编译有错误的例子

改正了编译中出现的所有错误,编译才算成功,才能下载程序到PLC。

如果计算机与PLC建立通信连接,且程序编译无误后,可以将它下载到PLC中。下载必须在STOP模式下进行。下载时CPU可以自动切换到STOP模式。STEP 7-Micro/WIN中设置的CPU型号必须与实际的型号相符,如果不相符,将出现警告信息,应修改CPU的型号后再下载。下载操作会自动执行编译命令。

选择"文件"→"下载"菜单命令,或者鼠标左键单击工具栏 按钮,在出现的下载对话框中,选择要下载的程序块、数据块和系统块等。单击下载按钮,开始下载。

下载是从计算机中将程序块、数据块或系统块装载到PLC,上载则反之,并且符号表或状态表不能上载。

4. 程序调试及运行监控

在运行STEP 7-Micro/WIN的计算机和PLC之间建立通信并向PLC下载程序后,用户可以利用软件提供的调试和监控工具,直接调试并监视程序的运行,给用户程序的开发和设计提供了很大的方便。

(1) 有限次数扫描。

可以指定PLC对程序执行有限次数扫描(从1到65535次)。通过选择PLC运行的扫描次数,可以在程序改变进程变量时对其进行监控。第一次扫描时,SM0.1数值为1。有限次数扫描时,PLC必须处于STOP模式。当准备好恢复正常程序操作时,务必将PLC切换回RUN模式。

① 执行单次扫描。

a) PLC必须位于STOP模式。如果不是已经位于STOP模式,将PLC转换成STOP模式。

b) 从菜单条选择"调试"→"首次扫描"。

② 执行多次扫描。

a) PLC必须位于STOP模式。如果不是已经位于STOP模式,将PLC转换成STOP模式。

b) 若想执行多次扫描,从菜单条选择"调试"→"多次扫描"。出现"执行扫描"对话框,输入所需的扫描次数数值,单击"确定",确认选择并取消对话框。

(2) 梯形图程序的状态监视。

程序经编辑、编译并下载到 PLC 后,将 S7-200 CPU 上的状态开关拨到"RUN"位置,单击菜单命令"调试"→"开始程序状态监控"或工具栏上的 ⚏ 按钮,可以用程序状态监控监视程序运行的状况。

如果 S7-200 PLC 上的状态开关处于 RUN 或 TERM 位置,还可以在 STEP 7-Micro/WIN 软件中使用菜单命令"PLC"→"运行"和"PLC"→"停止",或者工具栏上的 ▶ 和 ■ 按钮改变 CPU 的运行状态。

利用梯形图编辑器可在 PLC 运行时监视程序的执行对各元件的执行结果,并可监视操作数的数值。

在用程序状态监控监视程序运行之前,必须选择是否使用"执行状态"。选择菜单"调试"→"使用执行状态",进入执行状态。

"执行状态"下显示的是程序段执行到此时每个元件的实际状态:如果未选中"执行状态",将显示程序段中的元件在程序扫描周期结束时的状态。但由于屏幕刷新的速度取决于编程计算机和 S7-200 CPU 的通信速率和计算机的速度,所以梯形图的程序监控状态不能完全如实显示变化迅速的元件的状态,但这并不影响使用梯形图来监控程序状态,而且梯形图监控也是编程人员的首选。

在 RUN 模式下,单击菜单命令"调试"→"开始程序状态监控"或者工具栏上的"程序状态监控"按钮 ⚏ ,启动程序状态监控功能。之后,梯形图中各元件的状态将用不同颜色显示出来。变为蓝色的元件表示处于接通状态。如果有能流流入方框指令的使能输入端,且该指令被成功执行时,方框指令的方框变为蓝色;定时器、计数器的方框变为绿色时,表示它们包含有效数据;方框变为红色表示执行指令时出现了错误,方框变为灰色表示无能流、指令被跳过、未调用或 PLC 处于 STOP 模式。

(3) 状态表监视。

使用状态表可以监控数据。在浏览条窗口中单击"状态表"图标,或选择"查看"→"组件"→"状态表"菜单命令,可以打开状态表窗口。在状态表窗口的"地址"和"格式"列中分别输入要监视的变量的地址和数据类型。

在程序编辑器中选择一个或几个网络,单击鼠标右键,在弹出的快捷菜单中单击"创建状态表"选项,能快速生成一个包含所选程序段内各元件的新状态表。

不能监视常数、累加器和局部变量的状态。可以按位或者按字两种形式来监视定时器和计数器的值。按位监视的是定时器和计数器的状态位,按字则显示定时器和计数器的当前值。

使用菜单命令"调试"→"开始状态表监控"或者单击工具栏"程序状态监控"按钮 ⚏ ,启动状态表监视功能,在状态表的"当前值"列将会出现从 PLC 中读取的动态数据。当用状态表时,可将光标移到某一个单元格,在弹出的下拉菜单中单击一项,可实现相应的编辑操作。

如果状态表已经打开,使用菜单命令"调试"→"停止程序状态监控",或单击工具栏状态表按钮 ⚏ ,可以关闭状态表。

(4) 强制功能。

S7-200 提供了强制功能以方便程序调试工作(例如在现场不具备某些外部条件的情况下模拟工艺状态)。用户可以对所有的数字量 I/O 以及 16 个内部存储器数据 V、M 或模拟量 I/O 进行强制设置。

显示状态表并且使其处于监控状态,在新值列中写入希望强制成的数据,然后单击工具栏按钮 🔒,或者使用菜单命令"调试"→"强制"来强制设置数据。一旦使用了强制功能,则在每次扫描时该数值均被重新应用于地址(强制值具有最高的优先级),直至取消强制设置。

如果希望取消单个强制设置,打开状态表窗口,在当前值栏中单击并选中该值,然后单击工具栏中的"取消强制"按钮 🔓,或使用菜单命令"调试"→"取消强制"来取消强制设置。

如果希望取消所有的强制设置,打开状态表窗口,单击工具栏中的"全部取消强制"按钮 🔓,或者使用菜单命令"调试"→"全部取消强制"来取消所有强制设置。

打开状态表窗口,单击工具栏中的"读取全部强制"按钮 🔓,或者使用菜单命令"调试"→"读取全部强制",状态表的当前值列会为所有被强制的地址显示强制符号,共有以下 3 种强制符号:明确强制、隐含强制或部分隐含强制。

(5) 状态趋势图。

STEP 7-Micro/WIN 提供两种 PLC 变量在线查看方式,即状态表形式和状态趋势图形式。后者的图形化的监控方式使用户更容易地观察变量的变化关系,能更加直观地观察数字量信号变化的逻辑时序,或者模拟量信号的变化趋势。

在状态表窗口中,使用菜单命令"查看"→"查看趋势图",或者按工具栏中的"趋势图"按钮 📊,可以在状态表形式和状态趋势图形式之间切换;或者在当前显示的状态表窗口中单击鼠标右键,在弹出的下拉菜单中选择"查看趋势图"。

状态趋势图对变量的反应速度取决于计算机和 PLC 的通信速度以及图示的时间基准,在趋势图中单击鼠标右键可以选择图形更新的速率。

(6) RUN 模式下的程序编辑。

在 RUN 模式下编辑程序,可在对控制过程影响较小的情况下,对用户程序做少量的修改。修改后的程序下载时,将立即影响系统的控制运行,所以使用时应特别注意,确保安全。可进行这种操作的 PLC 有 CPU 224、CPU 226 和 CPU 226XM 等。

操作步骤如下:

① 使用菜单命令"调试"→"运行中的程序编辑",因为 RUN 模式下只能编辑主机中的程序,如果主机中的程序与编程软件窗口中的不同,系统会提示用户存盘。

② 屏幕弹出警告信息。单击"继续"按钮,所连接主机中的程序将上载到编程主窗口,便可以在 RUN 模式下进行编辑。

③ 在 RUN 模式下进行下载。在程序编译成功后,使用"文件"→"下载"命令,或单击工具栏中的下载按钮,将程序块下载到 PLC 主机。

7.6　PLC 应用系统设计及实例

7.6.1　应用系统设计概述

在了解了 PLC 的基本工作原理和指令系统之后,可以结合实际进行 PLC 的设计,PLC

的设计包括硬件设计和软件设计两部分,PLC 设计的基本原则如下:

(1) 充分发挥 PLC 的控制功能,最大限度地满足被控制的生产机械或生产过程的控制要求。

(2) 在满足控制要求的前提下,力求使控制系统经济、简单,维修方便。

(3) 保证控制系统安全可靠。

(4) 考虑到生产发展和工艺的改进,在选用 PLC 时,在 I/O 点数和内存容量上适当留有余地。

(5) 软件设计主要是指编写程序,要求程序结构清楚、可读性强、程序简短、占用内存少、扫描周期短。

7.6.2 PLC 应用系统的设计

1. PLC 控制系统的设计内容

(1) 根据设计任务书,进行工艺分析,画出工艺流程图,确定控制方案。

(2) 选择输入设备(如按钮、开关、传感器等)和输出设备(如继电器、接触器、指示灯等执行机构)。

(3) 选定 PLC 的型号(包括机型、容量、I/O 模块和电源等)。

(4) 分配 PLC 的 I/O 点,绘制 PLC 的 I/O 硬件接线图。

(5) 编写程序并调试。

(6) 设计控制系统的操作台、电气控制柜等以及安装接线图。

(7) 编写设计说明书和使用说明书。

2. 设计步骤

(1) 工艺分析。深入了解控制对象的工艺过程、工作特点、控制要求,并划分控制的各个阶段,归纳各个阶段的特点及各阶段之间的转换条件,画出控制流程图或功能流程图。

(2) 选择合适的 PLC 类型。在选择 PLC 机型时,主要考虑下面几点:

① 功能的选择。对于小型的 PLC 主要考虑 I/O 扩展模块、A/D 与 D/A 模块以及指令功能(如中断、PID 等)。

② I/O 点数的确定。统计被控制系统的开关量、模拟量的 I/O 点数,并考虑以后的扩充(一般加上 10%～20% 的备用量),从而选择 PLC 的 I/O 点数和输出规格。

③ 内存的估算。用户程序所需的内存容量主要与系统的 I/O 点数、控制要求、程序结构长短等因素有关。一般可按下式估算:存储容量 = 开关量输入点数 ×10 + 开关量输出点数 ×8 + 模拟通道数 ×100 + 定时器/计数器数量 ×2 + 通信接口个数 ×300 + 备用量。

(3) 分配 I/O 点。分配 PLC 的输入/输出点,编写输入/输出分配表或画出输入/输出端子的接线图,接着就可以进行 PLC 程序设计,同时进行控制柜或操作台的设计和现场施工。

(4) 程序设计。对于较复杂的控制系统,根据生产工艺要求,画出控制流程图或功能流程图,然后设计出梯形图,对程序进行模拟调试和修改,直到满足控制要求为止。

(5) 控制柜或操作台的设计和现场施工。设计控制柜及操作台的电器布置图及安装接线图;设计控制系统各部分的电气互锁图;根据图纸进行现场接线并检查。

(6) 应用系统整体调试。如果控制系统由几个部分组成,则应先做局部调试,然后再进行整体调试;如果控制程序的步序较多,则可先进行分段调试,然后连接起来总调。

（7）编制技术文件。技术文件应包括可编程控制器的外部接线图等电气图纸、电器布置图、电器元件明细表、顺序功能图、带注释的梯形图和说明。

7.6.3　PLC 的硬件设计和软件设计及调试

1．PLC 的硬件设计

硬件设计包括 PLC 及外围线路的设计、电气线路的设计和抗干扰措施的设计等。

选定 PLC 的机型和分配 I/O 点后，硬件设计的主要内容就是电气控制系统原理图的设计，电气控制元器件的选择和控制柜的设计。电气控制系统原理图包括主电路和控制电路。控制电路中包括 PLC 的 I/O 接线和自动、手动部分的详细连接等。电器元件的选择主要是根据控制要求选择按钮、开关、传感器、保护电器、接触器、指示灯、电磁阀等。

2．PLC 的软件设计

软件设计包括系统初始化程序、主程序、子程序、中断程序、故障应急措施和辅助程序的设计，小型开关量控制一般只有主程序。首先应根据总体要求和控制系统的具体情况，确定程序的基本结构，画出控制流程图或功能流程图，简单的可以用经验法设计，复杂的系统一般用顺序控制设计法设计。

3．软件、硬件的调试

调试分模拟调试和联机调试。

软件设计好后一般先做模拟调试。模拟调试可以通过仿真软件来代替 PLC 硬件在计算机上调试程序。如果有 PLC 的硬件，可以用小开关和按钮模拟 PLC 的实际输入信号（如启动、停止信号）或反馈信号（如限位开关的接通或断开），再通过输出模块上各输出位对应的指示灯，观察输出信号是否满足设计的要求。需要模拟量信号 I/O 时，可用电位器和万用表配合进行。在编程软件中可以用程序状态监控功能或状态表监控功能监视程序的运行或强制某些编程元件。

硬件部分的模拟调试主要是对控制柜或操作台的接线进行测试。可在操作台的接线端子上模拟 PLC 外部的开关量输入信号，或操作按钮的指令开关，观察对应 PLC 输入点的状态。用编程软件将输出点强制 ON/OFF，观察对应的控制柜内 PLC 负载（指示灯、接触器等）的动作是否正常，或对应的接线端子上的输出信号的状态变化是否正确。

联机调试时，把编制好的程序下载到现场的 PLC 中。调试时，主电路一定要断电，只对控制电路进行联机调试。通过现场的联机调试，还会发现新的问题或对某些控制功能的改进。

7.6.4　PLC 程序设计常用的方法

PLC 程序设计常用的方法主要有经验设计法、继电器控制电路转换为梯形图法、逻辑设计法、顺序控制设计法等。

1．经验设计法

经验设计法即在一些典型的控制电路程序的基础上，根据被控制对象的具体要求，进行选择组合，并多次反复调试和修改梯形图，有时需要增加一些辅助触点和中间编程环节，才能达到控制要求。这种方法没有规律可遵循，设计所用的时间和设计质量与设计者的经验有很大的关系，所以称为经验设计法。经验设计法用于较简单的梯形图设计。应用经验设计法必须熟记一些典型的控制电路,如启保停电路、脉冲发生电路等。

2. 继电器控制电路转换为梯形图法

继电器接触器控制系统经过长期的使用,已有一套能完成系统要求的控制功能并经过验证的控制电路图,而 PLC 控制的梯形图和继电接触控制电路图很相似,因此可以直接将经过验证的继电器接触器控制电路图转换成梯形图。主要步骤如下:

(1)熟悉现有的继电器控制线路。

(2)对照 PLC 的 I/O 端子接线图,将继电器电路图上的被控器件(如接触器线圈、指示灯、电磁阀等)换成接线图上对应的输出点的编号,将电路图上的输入装置(如传感器、按钮开关、行程开关等)触点都换成对应的输入点的编号(注意停止按钮触点的选择)。

(3)将继电器电路图中的中间继电器、定时器,用 PLC 的辅助继电器、定时器来代替。

(4)画出全部梯形图,并予以简化和修改。

这种方法对简单的控制系统是可行的,比较方便,但较复杂的控制电路就不适用了。

例 1　图 1.7.48 为电动机 Y/△降压启动控制主电路和电气控制的原理图。

(1)工作要求。

按下启动按钮 SB2,KM1、KM3、KT 通电并自保,电动机接成 Y 形启动,2 s 后,KT 动作,使 KM3 断电,KM2 通电吸合,电动机接成△形运行。按下停止按钮 SB1,电动机停止运行。

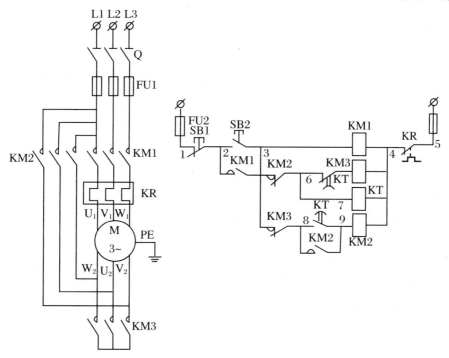

图 1.7.48　电动机 Y/△降压启动控制主电路和电气控制的原理图

转化为梯形图如下:

(2)I/O 分配。

输入	输出	
停止按钮 SB1:I0.0	KM1:Q0.0	KM2:Q0.1
启动按钮 SB2:I0.1	KM3:Q0.2	
过载保护 FR:I0.2		

（3）梯形图程序。

转换后的梯形图程序如图 1.7.49 所示。按照梯形图语言中的语法规定简化和修改梯形图。为了简化电路，当多个线圈都受某一串并联电路控制时，可在梯形图中设置该电路控制的存储器的位，如 M0.0。简化后的程序如图 1.7.50 所示。

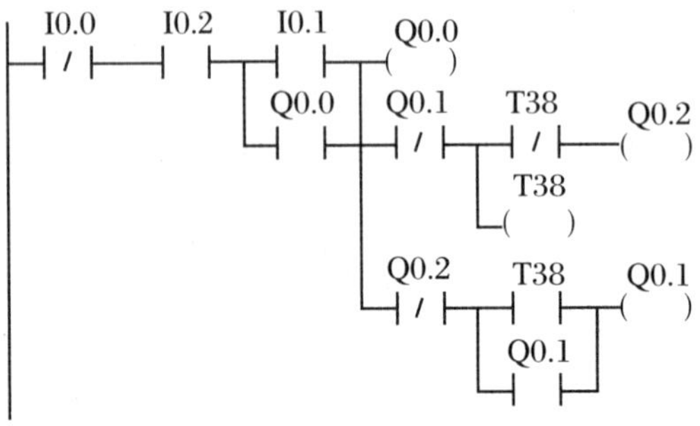

图 1.7.49　例 1 梯形图程序

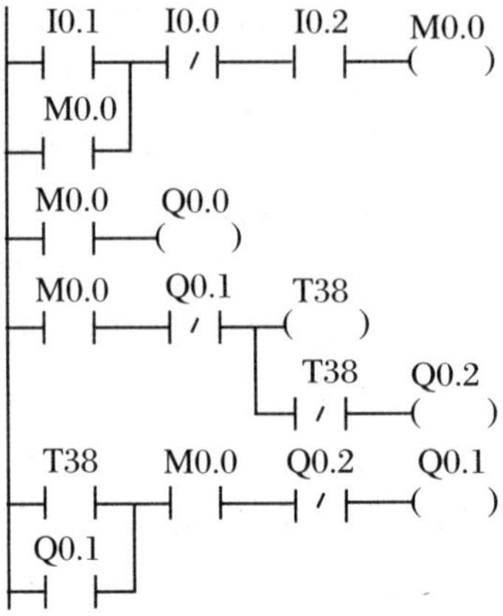

图 1.7.50　例 1 简化后的梯形图程序

3. 逻辑设计法

逻辑设计法是以布尔代数为理论基础，根据生产过程中各工步之间的各个检测元件（如行程开关、传感器等）状态的变化，列出检测元件的状态表，确定所需的中间记忆元件，再列出各执行元件的工序表，然后写出检测元件、中间记忆元件和执行元件的逻辑表达式，最后转换成梯形图。该方法在单一的条件控制系统中非常好用，相当于组合逻辑电路，但是在和时间有关的控制系统中就很复杂。

下面介绍一个交通信号灯的控制电路。

例 2　用 PLC 构成交通信号灯控制系统。

（1）控制要求。

如图 1.7.51 所示，启动后，南北红灯亮并维持 25 s。在南北红灯亮的同时，东西绿灯也亮，1 s 后，东西车灯即甲亮。到 20 s 时，东西绿灯闪亮，3 s 后熄灭，在东西绿灯熄灭后东西黄灯亮，同时甲灭。黄灯亮 2 s 后灭东西红灯亮。与此同时，南北红灯灭，南北绿灯亮。1 s 后，南北车灯即乙亮。南北绿灯亮了 25 s 后闪亮，3 s 后熄灭，同时乙灭，黄灯亮 2 s 后熄灭，南北红灯亮，东西绿灯亮，如此循环。

（2）I/O 分配。

输入	输出	
启动按钮：I0.0	南北红灯：Q0.0	东西红灯：Q0.3
	南北黄灯：Q0.1	东西黄灯：Q0.4
	南北绿灯：Q0.2	东西绿灯：Q0.5
	南北车灯：Q0.6	东西车灯：Q0.7

（3）程序设计。

根据控制要求首先画出十字路口交通信号灯的时序图，如图 1.7.52 所示。

根据十字路口交通信号灯的时序图，用基本逻辑指令设计的信号灯控制的梯形图如图

1.7.53 所示。分析如下：

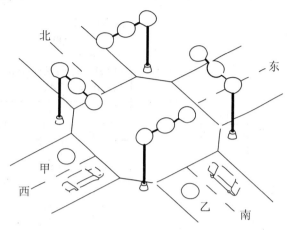

图 1.7.51　交通灯控制示意图

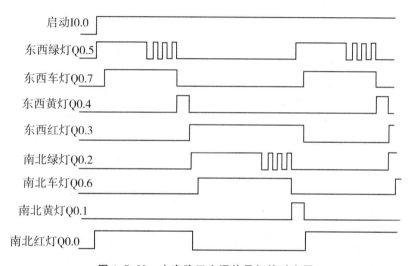

图 1.7.52　十字路口交通信号灯的时序图

首先，找出南北方向和东西方向灯的关系：南北红灯亮(灭)的时间＝东西红灯灭(亮)的时间，南北红灯亮 25 s(T37 计时)，东西红灯亮 30 s(T41 计时)。

其次，找出东西方向灯的关系：东西红灯亮 30 s(T41 计时)→东西绿灯平光亮 20 s(T43 计时)→东西绿灯闪光 3 s(T44 计时)，绿灯灭→东西黄灯亮 2 s(T42 计时)。

再次，找出南北向灯的关系：南北红灯亮 25 s(T37 计时)→南北绿灯平光 25 s(T38 计时)→南北绿灯闪光 3 s(T39 计时)，绿灯灭→南北黄灯亮 2 s(T40 计时)。

最后，找出车灯的时序关系：东西车灯是在南北红灯亮后开始延时(T49 计时)1 s 后，东西车灯亮，直至东西绿灯闪光灭(T44 延时到)；南北车灯是在东西红灯亮后开始延时(T50 计时)1 s 后，南北车灯亮，直至南北绿灯闪光灭(T39 延时到)。

根据上述分析列出如下各灯的输出控制表达式：

东西红灯：$Q0.3 = T37$　　　　　　　　　南北红灯：$Q0.0 = M0.0 \cdot T37$

东西绿灯：$Q0.5 = Q0.0 \cdot T43 + T43 \cdot T44 \cdot T59$　　南北绿灯：$Q0.2 = Q0.3 \cdot T38 + T38 \cdot T39 \cdot T59$

东西黄灯：$Q0.4 = T44 \cdot T42$　　　　　　南北黄灯：$Q0.1 = T39 \cdot T40$

东西车灯：$Q0.7 = T49 \cdot T44$　　　　　　南北车灯：$Q0.6 = T50 \cdot T39$

绿灯的闪亮是通过定时器 T59 和 T60 实现的。

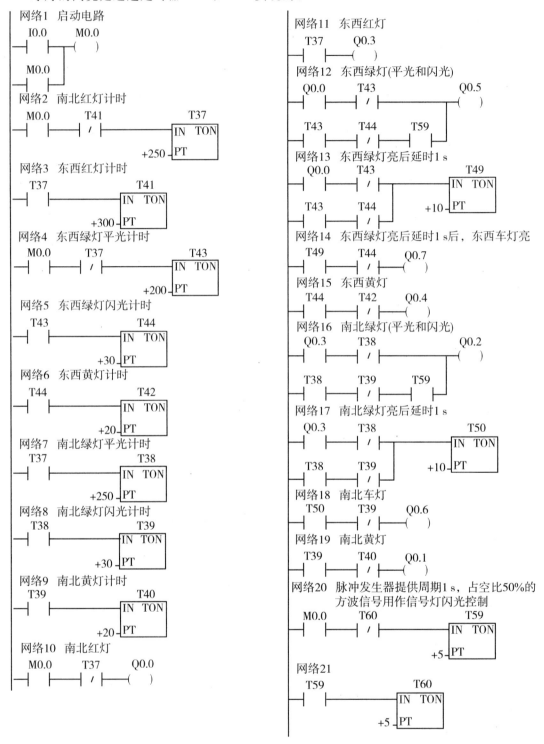

图 1.7.53　基本逻辑指令设计的信号灯控制的梯形图

4．顺序控制设计法

根据功能流程图，以步为核心，从起始步开始一步一步地设计下去，直至完成。此法的关键是画出功能流程图。首先将被控制对象的工作过程按输出状态的变化分为若干步,并指出工步之间的转换条件和每个工步的控制对象。这种工艺流程图集中了工作的全部信息。在进行程序设计时,可以用中间继电器来记忆工步,一步一步地顺序进行,也可以用顺序控制指令来实现。下面介绍功能流程图的种类及编程方法。

功能流程图的单流程结构形式简单,如图 1.7.54 所示,其特点是:每一步后面只有一个转换,每个转换后面只有一步。各个工步按顺序执行,上一工步执行结束,转换条件成立,立即开通下一工步,同时关断上一工步。在这里将介绍用中间继电器来记忆工步的编程方法。

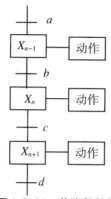

图 1.7.54　单流程结构

在图 1.7.54 中,当 $n-1$ 为活动步时,且转换条件 b 成立时,则转换实现,n 步变为活动步,同时 $n-1$ 步关断。由此可见,第 n 步成为活动步的条件是:$X_{n-1}=1$, $b=1$;第 n 步关断的条件只有一个 $X_{n+1}=1$。用逻辑表达式表示功能流程图的第 n 步开通和关断条件为

$$X_n = (X_{n-1} \cdot b + X_n) \cdot \overline{X_{n+1}}$$

式中,等号左边的 X_n 为第 n 步的状态;等号右边 X_{n+1} 表示关断第 n 步的条件,X_n 表示自保持信号,b 表示转换条件,"·"符号表示串联(与的关系),"+"符号表示并联(或的关系)。

例 3　根据图 1.7.55 所示的功能流程,设计出梯形图程序。

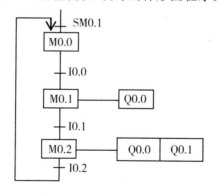

图 1.7.55　例 3 的功能流程

(1) 使用启保停电路模式的编程方法。

在梯形图中,为了实现前级步为活动步且转换条件成立时,才能进行步的转换,总是将代表前级步的中间继电器的常开触点与转换条件对应的触点串联,作为代表后续步的中间继电器得电的条件。当后续步被激活,应将前级步关断,所以用代表后续步的中间继电器常闭触点串在前级步的电路中。

图 1.7.55 所对应的状态逻辑关系为

$$M0.0 = (SM0.1 + M0.2 \cdot I0.2 + M0.0) \cdot \overline{M0.1}$$

$$M0.1 = (M0.0 + I0.0 + M0.1) \cdot \overline{M0.2}$$

$$M0.2 = (M0.1 \cdot I0.1 + M0.2) \cdot \overline{M0.0}$$

$$Q0.0 = M0.1 + M0.2$$

$$Q0.1 = M0.2$$

对于输出电路的处理应注意以下：Q0.0 输出继电器在 M0.1、M0.2 步中都被接通,应将 M0.1 和 M0.2 的常开触点并联去驱动 Q0.0;Q0.1 输出继电器只在 M0.2 步为活动步时才接通,所以用 M0.2 的常开触点驱动 Q0.1。

使用启保停电路模式编制的梯形图程序如图 1.7.56 所示。

（2）使用置位、复位指令的编程方法。

S7-200 系列 PLC 有置位和复位指令,且对同一个线圈置位和复位指令可分开编程,所以可以实现以转换条件为中心的编程。

当前步为活动步且转换条件成立时,用 S 将代表后续步的中间继电器置位（激活）,同时用 R 将本步复位（关断）。

在图 1.7.55 所示的功能流程图中,如用 M0.0 的常开触点和转换条件 I0.0 的常开触点串联作为 M0.1 置位的条件,同时作为 M0.0 复位的条件。这种编程方法很有规律,每一个转换都对应一个 S/R 的电路块,有多少个转换就有多少个这样的电路块。用置位、复位指令编制的梯形图程序如图 1.7.56 所示。

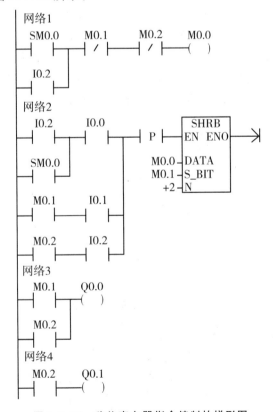

图 1.7.56　移位寄存器指令编制的梯形图

（3）使用移位寄存器指令编程的方法。

单流程的功能流程图各步总是顺序通断的，并且同时只有一步接通，因此很容易采用移位寄存器指令实现这种控制。对于图 1.7.55 所示的功能流程图，可以指定一个两位的移位寄存器，用 M0.1、M0.2 代表有输出的两步，移位脉冲由代表步状态的中间继电器的常开触点和对应转换条件组成的串联支路并联提供，数据输入端（DATA）的数据由初始步提供。对应的梯形图程序如图 1.7.56 所示。在梯形图中将对应步的中间继电器的常闭触点串联连接，可以禁止流程执行的过程中移位寄存器 DATA 端置"1"，以免产生误操作信号，从而保证了流程的顺利执行。

第 2 篇

项目实践

项目 1　供料单元实现系统

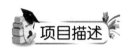

项目描述

本项目只考虑供料单元作为独立设备运行时的情况,单元工作的主令信号和工作状态显示信号来自 PLC 旁边的按钮/指示灯模块。并且,按钮/指示灯模块上的工作方式选择开关 SA 应置于"单站方式"位置。具体的控制要求如下:

(1) 设备上电和气源接通后,若工作单元的两个气缸均处于"缩回位置",且料仓内有足够的待加工工件,则"正常工作"指示灯 HL1(黄灯)常亮,表示设备准备好。否则,该指示灯以 1 Hz 频率闪烁。

(2) 若设备准备好,按下启动按钮,工作单元启动,"设备运行"指示灯 HL2(绿灯)常亮。启动后,若出料台上没有工件,则应把工件推到出料台上。出料台上的工件被人工取出后,若没有停止信号,则进行下一次推出工件操作。

(3) 若在运行中按下停止按钮,则在完成本工作周期任务后,各工作单元停止工作,HL2 指示灯熄灭。

(4) 若在运行中料仓内工件不足,则工作单元继续工作,但"正常工作"指示灯 HL1 以 1 Hz 的频率闪烁,"设备运行"指示灯 HL2 保持常亮。若料仓内没有工件,则 HL1 指示灯和 HL2 指示灯均以 2 Hz 频率闪烁。工作站在完成本周期任务后停止。除非向料仓补充足够的工件,工作站不能再启动。

项目任务

(1) 规划 PLC 的 I/O 分配及接线端子分配。
(2) 进行系统安装接线。
(3) 按控制要求编制 PLC 程序。
(4) 进行调试与运行。

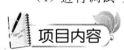

项目内容

1.1　供料单元的结构及工作过程

1.1.1　供料单元的结构组成

供料单元的主要结构组成包括工件装料管、工件推出装置、支撑架、阀组、端子排组件、

PLC、急停按钮和启动/停止按钮、走线槽、底板等。其中,机械部分结构组成如图 2.1.1 所示。

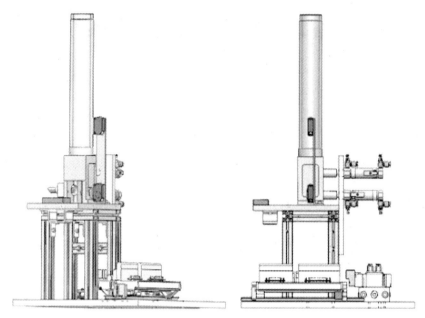

图 2.1.1　供料单元机械部分结构组成

　　图 2.1.2 中的管形料仓和工件推出装置用于储存工件原料,并在需要时将料仓中最下层的工件推出到出料台上。

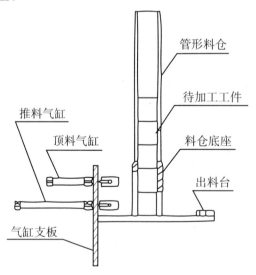

图 2.1.2　供料单元组成示意图

　　供料单元主要由管形料仓、推料气缸、顶料气缸、磁感应接近开关、漫射式光电传感器组成。该部分的工作原理是:工件垂直叠放在料仓中,推料气缸处于料仓的底层并且其活塞杆可从料仓的底部通过。当活塞杆在退回位置时,它与最下层工件处于同一水平位置,而夹紧气缸则与次下层工件处于同一水平位置。在需要将工件推出到物料台上时,首先使夹紧气缸的活塞杆推出,压住次下层工件;然后使推料气缸活塞杆推出,从而把最下层工件推到物料台上。在推料气缸返回并从料仓底座抽出后,再使夹紧气缸返回,松开次下层工件。这样,料仓中的工件在重力的作用下,就自动向下移动一个工件,为下一次推出工件做好准备。在底座和管形料仓第 4 层工件位置,分别安装一个漫射式光电接近开关。它们的功能是检测料仓中有无储料或储料是否足够。若该部分机构内没有工件,则处于底层和第 4 层位置的两个漫射式光电接近开关均处于常态;若仅在底层有 3 个工件,则底层处光电接近开关动作而第 4 层处光电接近开关常态,表明工件已经快用完了。这样,料仓中有无储料或储料是否足够,就可用这两个光电接近开关的信号状态反映出来。推料气缸把工件推出到出料台上。出料台面开有小孔,出料台下面设有一个圆柱形漫射式光电接近开关,工作时向上发出光线,从而透过小孔检测是否有工件存在,以便向系统提供本单元出料台有无工件的信号。在输送单元的控制程序中,就可以利用该信号状态来判断是否需要驱动机械手装置来抓取此工件。

1.1.2　供料单元的气动元件

标准双作用直线气缸是指气缸的功能和规格是普遍使用的、结构容易制造的、制造厂通常作为通用产品供应市场的气缸。双作用气缸是指活塞的往复运动均由压缩空气来推动。图 2.1.3 是标准双作用直线气缸的半剖面图,图中,气缸的两个端盖上都设有进排气通口,从无杆侧端盖气口进气时,推动活塞向前运动;反之,从杆侧端盖气口进气时,推动活塞向后运动。

双作用气缸具有结构简单、输出力稳定、行程可根据需要选择的优点,但由于是利用压缩空气交替作用于活塞上实现伸缩运动的,回缩时压缩空气的有效作用面积较小,所以产生的力要小于伸出时产生的推力。

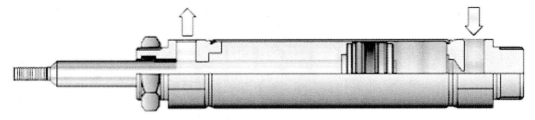

图 2.1.3　标准双作用直线气缸的半剖面图

为了使气缸的动作平稳可靠,应对气缸的运动速度加以控制,常用的方法是使用单向节流阀来实现。单向节流阀是由单向阀和节流阀并联而成的流量控制阀,常用于控制气缸的运动速度,所以也称为速度控制阀。图 2.1.4 给出了在双作用气缸装上两个单向节流阀的连接示意图,这种连接方式称为排气节流方式。即当压缩空气从 A 端进气、从 B 端排气时,单向节流阀 A 的单向阀开启,向气缸无杆腔快速充气;由于单向节流阀 B 的单向阀关闭,有杆腔的气体只能经节流阀排气,调节节流阀 B 的开度,便可改变气缸伸出时的运动速度。反之,调节节流阀 A 的开度则可改变气缸缩回时的运动速度。活塞在这种控制方式下运行稳定,这也是最常用的方式。

节流阀上带有气管的快速接头,只要将合适外径的气管往快速接头上一插,就可以将管连接好,使用时十分方便。图 2.1.5 是安装了带快速接头的限出型气缸节流阀的气缸外观。

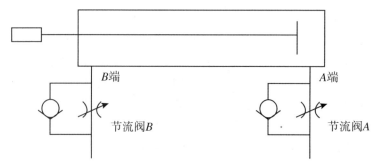

图 2.1.4　节流阀的连接示意图

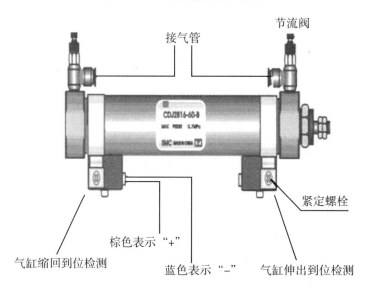

图 2.1.5　安装上节流阀的气缸

　　YL-335B 所有工作单元的执行气缸都是双作用气缸,因此控制它们工作的电磁阀需要有两个工作口和两个排气口以及一个供气口,故使用的电磁阀均为二位五通电磁阀。供料单元用了两个二位五通的单电控电磁阀。这两个电磁阀带有手动换向和加锁钮,有锁定(LOCK)和开启(PUSH)两个位置。用小螺丝刀把加锁钮旋到在 LOCK 位置时,手控开关向下凹进去,不能进行手控操作。只有在 PUSH 位置,可用工具向下按,信号为“1”,等同于该侧的电磁信号为“1”;常态时,手控开关的信号为“0”。在进行设备调试时,可以使用手控开关对阀进行控制,从而实现对相应气路的控制,以改变推料气缸等执行机构的控制,达到调试的目的。两个电磁阀是集中安装在汇流板上的。汇流板中两个排气口末端均连接了消声器,消声器的作用是减少压缩空气在向大气排放时的噪声。这种将多个阀与消声器、汇流板等集中在一起构成的一组控制阀的集成称为阀组,而每个阀的功能是彼此独立的。

1.1.3　气动控制回路

　　气动控制回路是本工作单元的执行机构,该执行机构的控制逻辑控制功能是由 PLC 实现的。气动控制回路的工作原理如图2.1.6所示。图中1A和2A分别为推料气缸和顶料气缸。1B1和1B2为安装在推料气缸的两个极限工作位置的磁感应接近开关,2B1和2B2为安装在顶料气缸的两个极限工作位置的磁感应接近开关。1Y1和2Y1分别为控制推料气缸和顶料气缸的电磁阀的电磁控制端。通常,这两个气缸的初始位置均设定在缩回状态。

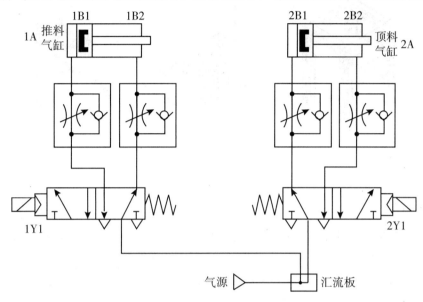

图2.1.6 供料单元的气动控制回路

1.1.4 检测元件

检测元件包括有磁性开关、电感式传感器、光电式接近开关。

1.2 供料单元安装技能训练

训练目标:供料单元拆开成组件和零件的形式,然后再组装成原样,安装内容包括机械部分的安装、气路的连接与调试以及电气接线。

1.2.1 机械部分的安装

首先把供料站各零件组合成整体安装时的组件,然后把组件进行组装。所组合成的组件包括铝合金型材支撑架组件、物料台及料仓底座组件、推料机构组件,分别如图2.1.7(a)、2.1.7(b)、2.1.7(c)所示。

各组件装配好后,用螺栓把它们连接为总体,再用橡皮锤把装料管敲入料仓底座。然后将连接好的供料站机械部分以及电磁阀组、PLC 和接线端子排固定在底板上,最后固定底板完成供料站的安装。

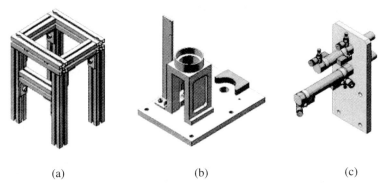

　　　　　　(a)　　　　　　　　　　　　(b)　　　　　　　　　　　　(c)

图 2.1.7　供料站组件

安装过程中应注意以下 3 个方面:

(1) 装配铝合金型材支撑架时,注意调整好各条边的平行及垂直度,锁紧螺栓。

(2) 气缸安装板和铝合金型材支撑架的连接,是靠预先在特定位置的铝合金型材"T"形槽中放置预留与之相配的螺母,因此在对该部分的铝合金型材进行连接时,一定要在相应的位置放置相应的螺母。如果没有放置螺母或没有放置足够多的螺母,将造成无法安装或安装不可靠。

(3) 机械机构固定在底板上的时候,需要将底板移动到操作台的边缘,螺栓从底板的反面拧入,将底板和机械机构部分的支撑型材连接起来。

1.2.2　气路的连接和调试

连接步骤如下:从汇流排开始,按图 2.1.6 所示的气动控制回路原理图连接电磁阀、气缸。连接时注意气管走向应按序排布、均匀美观,不能交叉、打折;气管要在快速接头中插紧,不能够有漏气现象。

气路调试包括以下两个方面:

(1) 用电磁阀上的手动换向、加锁钮验证顶料气缸与推料气缸的初始位置和动作位置是否正确。

(2) 调整气缸节流阀以控制活塞杆的往复运动速度,伸出速度以不推倒工件为准。

1.2.3　电气接线

电气接线包括在工作单元装置侧完成各传感器、电磁阀、电源端子等引线到装置侧接线端口之间的接线;在 PLC 侧进行电源连接、I/O 点接线等。

接线时应注意:在装置侧接线端口中,输入信号端子的上层端子(+24 V)只能作为传感器的正电源端,切勿用于电磁阀等执行元件的负载;电磁阀等执行元件的正电源端和 0 V 端应连接到输出信号端子下层的相应端子上；装置侧接线完成后，应用扎带绑扎，力求整齐美观。

PLC 侧的接线包括电源接线、PLC 的 I/O 点和 PLC 侧接线端口之间的连线、PLC 的 I/O 点与按钮指示灯模块的端子之间的连线。具体接线要求与工作任务有关。电气接线的工艺应符合国家职业标准的规定，例如导线连接到端子时，采用压紧端子压接方法；连接线必须有符合规定的标号；每一端子连接的导线不超过 2 根，等等。

根据工作单元装置的 I/O 信号分配（如表 2.1.1 所示）和工作任务的要求，供料单元 PLC 选用 S7-200-224 CN AC/DC/RLY 主单元，共 14 点输入和 10 点继电器输出。PLC 的 I/O 信号分配如表 2.1.1 所示，接线原理图如图 2.1.8 所示。

表 2.1.1　供料单元 PLC 的 I/O 信号表

输入信号				输出信号			
序号	PLC 输入点	信号名称	信号来源	序号	PLC 输出点	信号名称	信号来源
1	I0.0	顶料气缸伸出到位	装置侧	1	Q0.0	顶料电磁阀	装置侧
2	I0.1	顶料气缸缩回到位		2	Q0.1	推料电磁阀	
3	I0.2	推料气缸伸出到位		3	Q0.2		
4	I0.3	推料气缸缩回到位		4	Q0.3		
5	I0.4	出料台物料检测		5	Q0.4		
6	I0.5	供料不足检测		6	Q0.5		
7	I0.6	缺料检测		7	Q0.6		
8	I0.7	金属工件检测		8	Q0.7		
9	I1.0		按钮/指示灯模块	9	Q1.0	正常工作指示	按钮/指示灯模块
10	I1.1			10	Q1.1	运行指示	
11	I1.2	停止按钮					
12	I1.3	启动按钮					
13	I1.4						
14	I1.5	工作方式选择					

1.2.4　供料单元程序编制

程序结构包含两个子程序，一个是系统状态显示，另一个是供料控制。主程序在每一扫描周期都调用系统状态显示子程序，仅当在运行状态已经建立时才可能调用供料控制子程序。

PLC 上电后应首先进入初始状态检查阶段，确认系统已经准备就绪后，才允许投入运行，这样可及时发现存在问题，避免出现事故。例如，若两个气缸在上电和气源接入时不在初始位置，这是气路连接错误的缘故，显然在这种情况下不允许系统投入运行。通常的 PLC 控制系统往往有这种常规的要求。

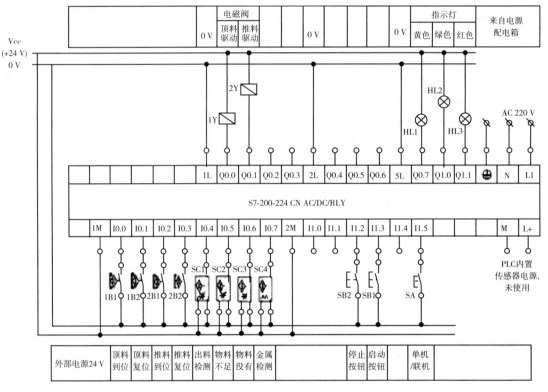

图 2.1.8　供料单元 PLC 接线图

供料单元运行的主要过程是供料控制,它是一个步进顺序控制的过程。

如果没有停止要求,顺控过程将周而复始地不断循环。常见的顺序控制系统正常停止的要求是接收到停止指令后,系统在完成本工作周期任务即返回到初始步后才停止下来。

当料仓中最后一个工件被推出后,将发生缺料报警。推料气缸复位到位,亦即完成本工作周期任务即返回到初始步后,也应停止下来。供料控制子程序的步进顺序流程如图 2.1.9 所示。在主程序中,当系统准备就绪且接收到启动脉冲时初始步 S0.0 被置位。

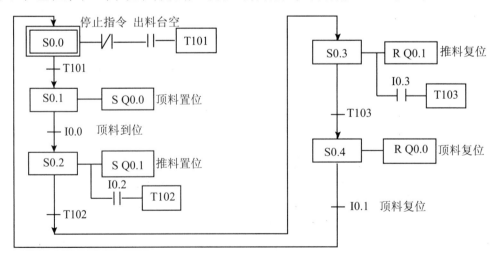

图 2.1.9　供料控制子程序的步进顺序流程图

1.2.5 调试与运行

（1）调整气动部分，检查气路是否正确，气压以及气缸的动作速度是否合理。

（2）检查磁性开关的安装位置是否到位，磁性开关工作是否正常。

（3）检查 I/O 接线是否正确。

（4）检查光电传感器安装是否合理，灵敏度是否合适，保证检测的可靠性。

（5）放入工件，运行程序看加工单元动作是否满足任务要求。

（6）调试各种可能出现的情况，例如在任何情况下都有可能加入工件，系统都要能可靠工作。

（7）优化程序。

1.2.6 问题与思考

（1）检查气动连线、传感器接线、I/O 检测及故障排除的方法有哪些？

（2）如果在供料过程中出现意外情况应如何处理？

（3）如果采用网络控制应如何实现？

（4）供料单元各种可能会出现的问题。

项目2　加工单元的安装与调试

项目描述

只考虑加工单元作为独立设备运行时的情况,本单元的按钮/指示灯模块上的工作方式选择开关应置于"单站方式"位置。具体的控制要求如下:

(1) 初始状态:设备上电和气源接通后,滑动加工台伸缩气缸处于伸出位置,加工台气动手爪松开的状态,冲压气缸处于缩回位置,急停按钮没有按下。若设备在上述初始状态,则"正常工作"指示灯 HL1(黄灯)常亮,表示设备准备好。否则,该指示灯以 1 Hz 频率闪烁。

(2) 若设备准备好,按下启动按钮,设备启动,"设备运行"指示灯 HL2(绿灯)常亮。当待加工工件送到加工台上并被检出后,设备执行将工件夹紧,送往加工区域冲压,完成冲压动作后返回待料位置的工件加工工序。如果没有停止信号输入,当再有待加工工件送到加工台上时,加工单元又开始下一周期工作。

(3) 在工作过程中,若按下停止按钮,加工单元在完成本周期的动作后停止工作。指示灯 HL2 熄灭。

项目任务

(1) 规划 PLC 的 I/O 分配及接线端子分配。
(2) 进行系统安装接线。
(3) 按控制要求编制 PLC 程序。

项目内容

2.1　加工单元的结构及工作过程

加工单元的功能是完成把待加工工件从物料台移送到加工区域冲压气缸的正下方;完成对工件的冲压加工,然后把加工好的工件重新送回物料台的过程。加工单元装置侧主要结构组成为加工台及滑动机构、加工(冲压)机构、电磁阀组、接线端口、底板等。其中,该单元机械部分结构组成如图 2.2.1 所示。

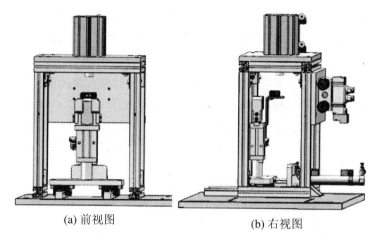

(a) 前视图　　　　　　　　　　(b) 右视图

图 2.2.1　加工单元机械部分结构组成

2.1.1　加工台及滑动机构

加工台及滑动机构组成如图 2.2.2 所示。加工台用于固定被加工件,并把工件移到加工(冲压)机构正下方进行冲压加工。它主要由手爪气动、手指、加工台伸缩气缸、线性导轨及滑块、磁感应接近开关、漫射式光电传感器组成。

滑动加工台的工作原理是:滑动加工台在系统正常工作后的初始状态为伸缩气缸伸出,加工台气动手指张开的状态,当输送机构把物料送到料台上,物料检测传感器检测到工件后,PLC 控制程序驱动气动手指将工件夹紧→加工台回到加工区域冲压气缸下方→冲压气缸活塞杆向下伸出冲压工件→完成冲压动作后向上缩回→加工台重新伸出→到位后气动手指松开的顺序完成工件加工工序,并向系统发出加工完成信号,为下一次工件到来加工做准备。

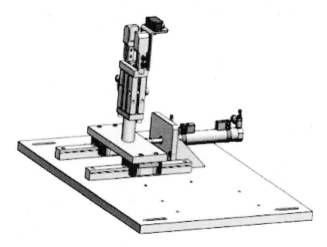

图 2.2.2　加工台及滑动机构组成

在移动料台上安装一个漫射式光电开关。若加工台上没有工件,则漫射式光电开关均处于常态;若加工台上有工件,则漫射式光电开关动作,表明加工台上已有工件。该光电传感器的输出信号送到加工单元 PLC 的输入端,用以判别加工台上是否有工件需要进行加工;当加工过程结束,加工台伸出到初始位置。同时,PLC 通过通信网络把加工完成信号回馈给系统,以协调控制。

移动料台上安装的漫射式光电开关仍选用 E3Z-L61 型放大器内置型光电开关(细小光束型),该光电开关的原理和结构以及调试方法在前面已经介绍过了。移动料台伸出和返回到位的位置是通过调整伸缩气缸上两个磁性开关位置来定位的。要求缩回位置位于加工冲头正下方;伸出位置应与输送单元的抓取机械手装置配合,确保输送单元的抓取机械手能顺利地把待加工工件放到料台上。

2.1.2 加工(冲压)机构

加工(冲压)机构组成如图 2.2.3 所示。加工机构用于对工件进行冲压加工。它主要由冲压气缸、冲压头、安装板等组成。冲压台的工作原理是:当工件到达冲压位置既伸缩气缸活塞杆缩回到位,冲压缸伸出对工件进行加工,完成加工动作后冲压缸缩回,为下一次冲压做准备。冲压头根据工件的要求对工件进行冲压加工,冲压头安装在冲压缸头部。安装板用于安装冲压缸,对冲压缸进行固定。

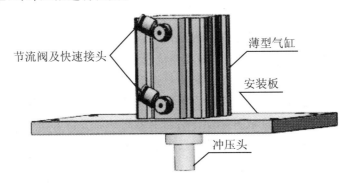

图 2.2.3 加工(冲压)机构组成

2.1.3 直线导轨

直线导轨是一种滚动导引,它由钢珠在滑块与导轨之间做无限滚动循环,使得负载平台能沿着导轨以高精度做线性运动,其摩擦系数可降至传统滑动导引的 1/50,使之能够达到很高的定位精度。在直线传动领域中,直线导轨副一直是关键性的产品,目前已成为各种机床、数控加工中心、精密电子机械中不可缺少的重要功能部件。

直线导轨副通常按照滚珠在导轨和滑块之间的接触牙型进行分类,主要有两列式和四列式两种。YL-335B 上均选用普通级精度的两列式直线导轨副,其接触角在运动中能保持不变,刚性也比较稳定。图 2.2.4(a)给出直线导轨副的截面示意图,图 2.2.4(b)为装配好的直线导轨副。

安装直线导轨副时应注意:(1)要小心轻拿轻放,避免磕碰以影响导轨副的直线精度。(2)不要将滑块拆离导轨或超过行程又推回去。加工单元移动料台滑动机构由两个直线导轨副和导轨安装构成,安装滑动机构时要注意调整两直线导轨的平行。

(a) 直线导轨副截面图   (b) 装配好的直线导轨副

图 2.2.4 直线导轨结构

2.1.4 气动控制回路

加工单元的气动控制元件均采用二位五通单电控电磁换向阀,各电磁阀均带有手动换向和加锁钮。它们集中安装成阀组固定在冲压支撑架后面。气动控制回路的工作原理如图 2.2.5 所示。1B1 和 1B2 为安装在冲压气缸的两个极限工作位置的磁感应接近开关,2B1 和 2B2 为安装在料台伸出气缸的两个极限工作位置的磁感应接近开关,3B1、3B2 为安装在物料夹紧气缸工作位置的磁感应接近开关。1Y1、2Y1 和 3Y1 分别为控制冲压气缸、加工台伸缩气缸和手爪气缸的电磁阀的电磁控制端。

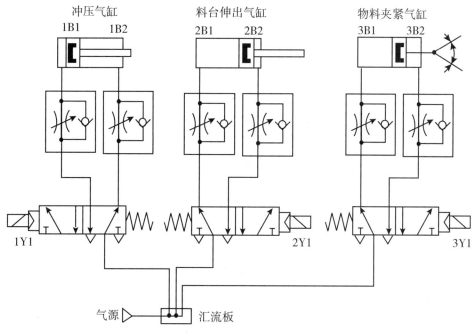

图 2.2.5 加工单元气动控制回路

2.2　加工单元安装技能训练

2.2.1　加工单元安装

加工单元的安装包括机械装配和气路连接。加工单元的装配过程包括两部分，一是加工机构组件装配，二是滑动加工台组件装配。然后进行总装，加工机构组件装配如图 2.2.6 所示，滑动加工台组件装配如图 2.2.7 所示，整个加工单元的组装如图 2.2.8 所示。

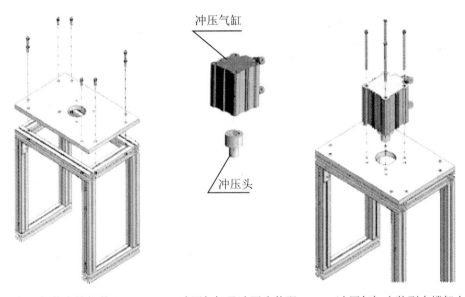

(a) 加工机构支撑架装配　　(b) 冲压气缸及冲压头装配　　(c) 冲压气缸安装到支撑架上

图 2.2.6　加工机构组件装配

在完成以上各组件的装配后，首先将物料夹紧及运动送料部分和整个安装底板连接固定，再将铝合金支撑架安装在大底板上，最后将加工组件部分固定在铝合金支撑架上，完成该单元的装配。

安装时注意以下两点事项：

（1）调整两直线导轨的平行时，要一边移动安装在两导轨上的安装板，一边拧紧固定导轨的螺栓。

（2）如果加工组件部分的冲压头和加工台上工件的中心没有对正，可以通过调整推料气缸旋入两导轨连接板的深度来进行对正。

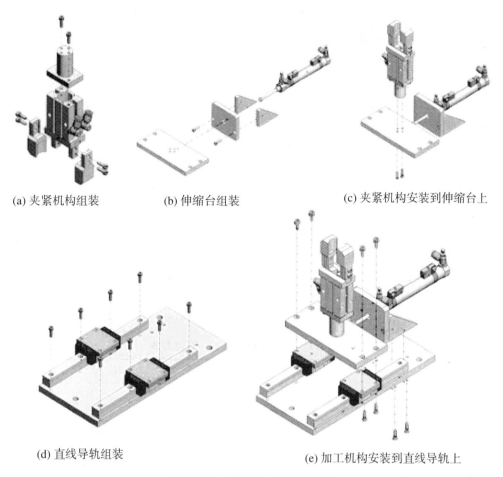

(a) 夹紧机构组装　　　　　　(b) 伸缩台组装　　　　　　(c) 夹紧机构安装到伸缩台上

(d) 直线导轨组装　　　　　　　　　　(e) 加工机构安装到直线导轨上

图 2.2.7　滑动加工台组件装配

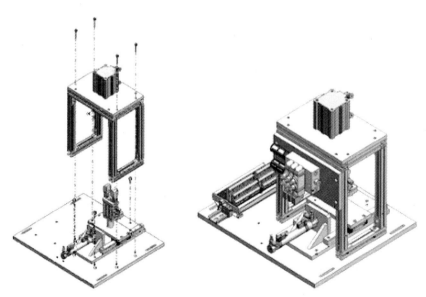

图 2.2.8　整个加工单元的组装

2.2.2　气路连接和调试

连接步骤如下：从汇流排开始，按图2.2.5所示的气动控制回路原理图连接电磁阀、气缸。连接时注意气管走向应按序排布、均匀美观，不能交叉、打折；气管要在快速接头中插紧，不能够有漏气现象。

气路调试包括：(1)用电磁阀上的手动换向、加锁钮验证导轨气缸、手指气缸和加工气缸的初始位置和动作位置是否正确。(2)调整气缸节流阀以控制活塞杆的往复运动速度，伸出速度以不推倒工件为准。

2.2.3　加工单元 PLC 控制系统设计

加工单元选用S7-200-224 CN AC/DC/RLY 主单元，共14点输入和10点继电器输出。PLC 的 I/O 信号如表2.2.1所示，接线原理如图2.2.9所示。

表 2.2.1　加工单元 PLC 的 I/O 信号表

输 入 信 号				输 出 信 号			
序号	PLC 输入点	信号名称	信号来源	序号	PLC 输出点	信号名称	信号来源
1	I0.0	加工台物料检测	装置侧	1	Q0.0	夹紧电磁阀	装置侧
2	I0.1	工件夹紧检测		2	Q0.1		
3	I0.2	加工台伸出到位		3	Q0.2	料台伸缩电磁阀	
4	I0.3	加工台缩回到位		4	Q0.3	加工压头电磁阀	
5	I0.4	加工压头上限		5	Q0.4		
6	I0.5	加工压头下根		6	Q0.5		
7	I0.6			7	Q0.6		
8	I0.7			8	Q0.7		
9	I1.0			9	Q1.0	正常工作指示	按钮/指示灯模块
10	I1.1			10	Q1.1	运行指示	
11	I1.2	停止按钮	按钮/指示灯模块				
12	I1.3	启动按钮					
13	I1.4	急停按钮					
14	I1.5	单站/全线					

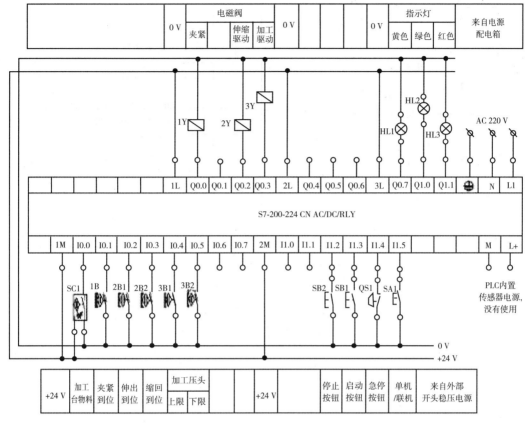

图 2.2.9　加工单元 PLC 接线

2.2.4　编写和调试 PLC 控制程序

编写程序的思路如下：

加工单元主程序流程与供料单元类似，也是 PLC 上电后应首先进入初始状态检查阶段，确认系统已经准备就绪后，才允许接收启动信号投入运行。但加工单元工作任务中增加了急停功能。为此，调用加工控制子程序的条件应该是"单元在运行状态"和"急停按钮未按"两者同时成立。这样，当在运行过程中按下急停按钮时，立即停止调用加工控制子程序，但急停前当前步的 S 元件仍在置位状态，急停复位后，就能从断点开始继续运行。加工过程也是一个顺序控制，其步进流程如图 2.2.10 所示。

从流程图可以看到，当一个加工周期结束，只有加工好的工件被取走后，程序才能返回 S0.0 步，这就避免了重复加工的可能。

2.2.5　加工站的调试与运行

(1) 调整气动部分，检查气路是否正确，气压是否合理，气缸的动作速度是否合理。

(2) 检查磁性开关的安装位置是否到位，磁性开关工作是否正常。

(3) 检查 I/O 接线是否正确。

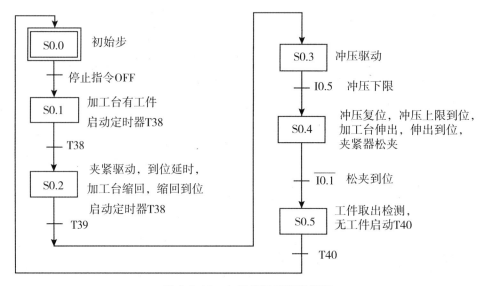

图 2.2.10 加工控制子程序流程

（4）检查光电传感器安装是否合理，灵敏度是否合适，保证检测的可靠性。

（5）放入工件，运行程序看加工单元动作是否满足任务要求。

（6）调试各种可能出现的情况，例如在任何情况下都有可能加入工件，系统都要能可靠工作。

（7）优化程序。

2.2.6 问题与思考

（1）总结检查气动连线、传感器接线、I/O 检测及故障排除的方法有哪些？

（2）如果在加工过程中出现意外情况，应如何处理？

（3）如果采用网络控制，应如何实现？

（4）加工单元各种可能会出现的问题。

项目 3　装配单元的安装与调试

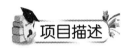
　　装配站的工作过程是将自动生产线中大小不同的两个物料进行装配,即完成将装配站料仓内的小圆柱工件嵌入到已加工的工件中。

　　(1) 装配单元各气缸的初始位置为:挡料气缸处于伸出状态,顶料气缸处于缩回状态,料仓上已经有足够的小圆柱零件;装配机械手的升降气缸处于提升状态,伸缩气缸处于缩回状态,气爪处于松开状态。

　　设备上电和气源接通后,若各气缸满足初始位置要求,且料仓上已经有足够的小圆柱零件;工件装配台上没有待装配工件,则"正常工作"指示灯 HL1(黄灯)常亮,表示设备准备好;否则,该指示灯以 1 Hz 频率闪烁。

　　(2) 若设备准备好,按下启动按钮,装配单元启动,"设备运行"指示灯 HL2(绿灯)常亮。如果回转台上的左料盘内没有小圆柱零件,就执行下料操作;如果左料盘内有零件,而右料盘内没有零件,执行回转台回转操作。

　　(3) 如果回转台上的右料盘内有小圆柱零件且装配台上有待装配工件,执行装配机械手抓取小圆柱零件,放入待装配工件中的操作。

　　(4) 完成装配任务后,装配机械手应返回初始位置,等待下一次装配。

　　(5) 若在运行过程中按下停止按钮,则供料机构应立即停止供料,在装配条件满足的情况下,装配单元在完成本次装配后停止工作。

　　(6) 在运行中发生"零件不足"报警时,指示灯 HL3(红灯)以 1 Hz 的频率闪烁,HL1 和 HL2 灯常亮;在运行中发生"零件没有"报警时,指示灯 HL3 以亮 1 s,灭 0.5 s 的方式闪烁,HL2 熄灭,HL1 常亮。

　　(1) 规划 PLC 的 I/O 分配及接线端子分配。

　　(2) 进行系统安装接线。

　　(3) 按控制要求编制 PLC 程序。

3.1　装配单元的结构及工作过程

装配单元的功能是完成将该单元料仓内的黑色或白色小圆柱工件嵌入到放置在装配料斗的待装配工件中的装配过程。

装配单元的结构组成包括管形料仓、供料机构、回转物料台、机械手、待装配工件的定位机构、气动系统及其阀组、信号采集及其自动控制系统以及用于电器连接的端子排组件、整条生产线状态指示的信号灯和用于其他机构安装的铝型材支架及底板、传感器安装支架等其他附件。其中,机械装配如图 2.3.1 所示。

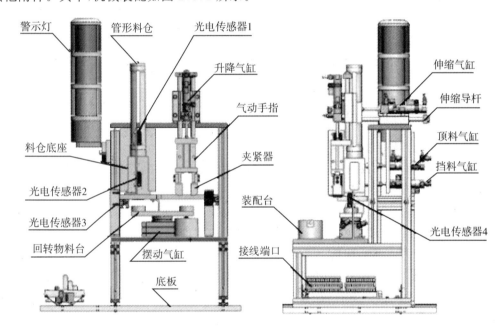

图 2.3.1　装配单元机械结构

3.1.1　管形料仓及落料机构

简易料仓是由塑料圆棒加工而成,它直接插装在供料机构的连接孔中,并在顶端放置加强金属环,用以防止空心塑料圆柱的破损。物料竖直放入料仓的空心圆柱内,由于二者之间有一定的间隙,使其能在重力作用下自由下落。为了能对料仓供料不足和缺料时报警,在塑料圆管底部和底座处分别安装了两个漫反射光电传感器(E3Z-L 型),并在料仓塑料圆柱上纵向铣槽,以使光电传感器的红外光斑能可靠照射到被检测的物料上,如图 2.3.2 所示。光电传感器的灵敏度调整应以能检测到黑色物料为准则。

图 2.3.2 给出了落料机构剖面图。图中,料仓底座的背面安装了两个直线气缸。上面的气缸称为顶料气缸,下面的气缸称为挡料气缸。系统气源接通后,顶料气缸的初始位置在缩回状态,挡料气缸的初始位置在伸出状态。这样,当从料仓上面放下工件时,工件将被挡料气缸活塞杆终端的挡块阻挡而不能落下。需要进行落料操作时,首先使顶料气缸伸出,把次下层的工件夹紧,然后挡料气缸缩回,工件掉入回转物料台的料盘中。之后挡料气缸复位伸出,顶料气缸缩回,次下层工件跌落到挡料气缸终端挡块上,为再一次供料做准备。

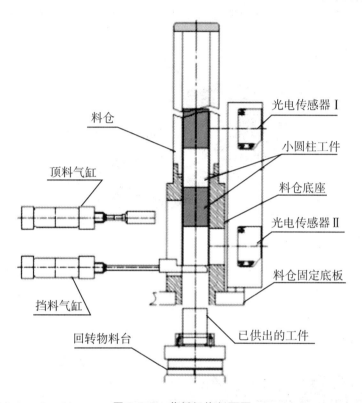

图 2.3.2 落料机构剖面图

3.1.2 回转物料台

该机构由气动摆台和料盘构成,气动摆台驱动料盘旋转 180°,并将摆动到位信号通过磁性开关传送给 PLC,在 PLC 的控制下,实现有序、往复循环动作,如图 2.3.3 所示。

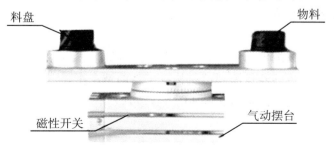

图 2.3.3 回转物料台的结构

回转物料台的主要器件是气动摆台,它是由直线气缸驱动齿轮齿条实现回转运动,回转角度能在 0～90°和 0～180°之间任意可调,而且可以安装磁性开关,检测旋转到位信号,多用于方向和位置需要变换的机构,如图 2.3.4 所示。

本站所使用的气动摆台的摆动回转角度能在 0～180°之间任意可调。当需要调节回转角度或调整摆动位置精度时,应首先松开调节螺杆上的反扣螺母,通过旋入和旋出调节螺杆,从而改变回转凸台的回转角度,调节螺杆 1 和调节螺杆 2 分别用于左旋和右旋角度的调整。当调整好摆动角度后,应将反扣螺母与基体反扣锁紧,防止调节螺杆松动,造成回转精度降低。

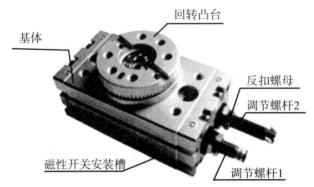

图 2.3.4　气动摆台

回转到位的信号是通过调整气动摆台滑轨内的两个磁性开关的位置实现的,图 2.3.5 是调整磁性开关位置的示意图。磁性开关安装在气缸体的滑轨内,松开磁性开关的紧定螺丝,磁性开关就可以沿着滑轨左右移动。确定开关位置后,旋紧紧定螺丝,即可完成位置的调整。

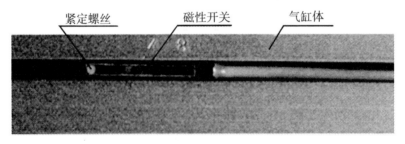

图 2.3.5　调整磁性开关位置示意图

3.1.3　装配机械手

装配机械手是整个装配单元的核心。当在装配机械手正下方的回转物料台上有物料,且半成品工件定位机构传感器检测到该机构有工件的情况下,机械手从初始状态开始执行装配操作过程。装配机械手的整体外形如图 2.3.6 所示。

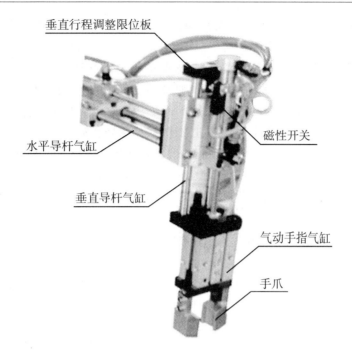

图 2.3.6 装配机械手的整体外形

装配机械手装置是一个三维运动的机构,它由水平方向移动和竖直方向移动的两个导杆气缸和气动手指组成。导杆气缸外形如图 2.3.7 所示。该气缸由直线运动气缸带双导杆和其他附件组成。

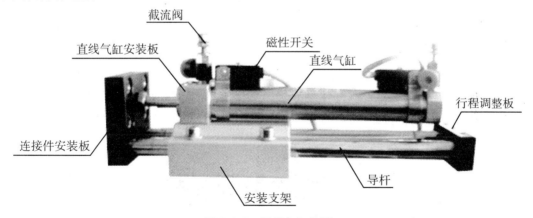

图 2.3.7 导杆气缸外形

安装支架用于导杆导向件的安装和导杆气缸整体的固定,连接件安装板用于固定其他需要连接到该导杆气缸上的物件,并将两导杆和直线气缸活塞杆的相对位置固定,当直线气缸的一端接通压缩空气后,活塞被驱动做直线运动,活塞杆也一起移动,被连接件安装板固定到一起的两导杆也随活塞杆伸出或缩回,从而实现导杆气缸的整体功能。安装在导杆末端的行程调整板用于调整该导杆气缸的伸出行程。具体调整方法是松开行程调整板上的紧定螺钉,让行程调整板在导杆上移动,当达到理想的伸出距离以后,再完全锁紧紧定螺钉,完成行程的调节。

装配机械手的运行过程如下:

　　PLC 驱动与竖直移动气缸相连的电磁换向阀动作,竖直移动由带有导杆气缸驱动气动手指向下移动,到位后,气动手指驱动手爪夹紧物料,并将夹紧信号通过磁性开关传送给PLC;在 PLC 控制下,竖直移动气缸复位,被夹紧的物料随气动手指一并提起,离开到回转物料台的料盘,提升到最高位后,水平移动气缸在与之对应的换向阀的驱动下,活塞杆伸出,移动到气缸前端位置后,竖直移动气缸再次被驱动下移,移动到最下端位置,气动手指松开,经短暂延时,竖直移动气缸和水平移动气缸缩回,机械手恢复初始状态。

　　在整个机械手动作过程中,除气动手指松开到位无传感器检测外,其余动作的到位信号检测均采用与气缸配套的磁性开关,将采集到的信号输入 PLC,由 PLC 输出信号驱动电磁换向阀,使由气缸及气动手指组成的机械手按程序自动运行。

3.1.4　半成品工件的定位机构

　　输送单元运送来的半成品工件直接放置在该机构的料斗定位孔中,由定位孔与工件之间较小的间隙配合实现定位,从而完成准确的装配动作和定位精度,如图 2.3.8 所示。

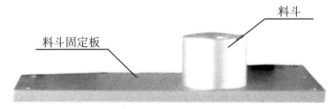

图 2.3.8　装配台料斗

3.1.5　电磁阀组

　　装配单元的电磁阀组由 6 个二位五通单电控电磁换向阀组成,如图 2.3.9 所示。这些阀分别对物料分配、位置变换和装配动作气路进行控制,以改变各自的动作状态。

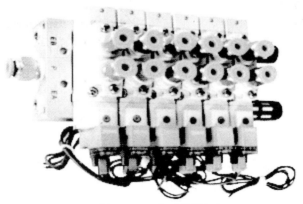

图 2.3.9　装配单元阀组

3.1.6 警示灯

本工作单元上安装有红、橙、绿三色警示灯,它是作为整个系统警示用的。警示灯有五根引出线,其中黄绿交叉线为"地线"、红色线为红色灯控制线、黄色线为橙色灯控制线、绿色线为绿色灯控制线、黑色线为信号灯公共控制线。接线如图 2.3.10 所示。

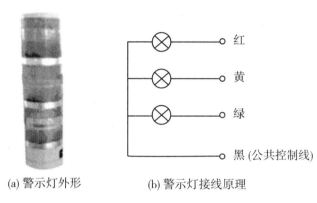

(a) 警示灯外形   (b) 警示灯接线原理

图 2.3.10 警示灯及其接线

3.1.7 气动回路

按照模拟装配过程,装配单元气动控制回路构成如图 2.3.11 所示。

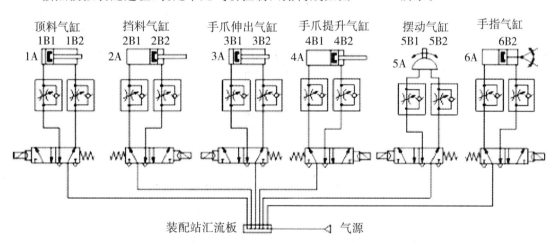

图 2.3.11 装配单元气动控制回路

3.2　装配单元安装技能训练

3.2.1　装配单元的安装

装配单元是整个 YL-335B 中包含气动元器件较多、结构较为复杂的单元,为了减小安装的难度和提高安装时的效率,在装配前,应认真分析该结构组成,认真观看视频,参考别人的装配工艺,认真思考,做好记录。遵循先前的思路,先成组件,再进行总装。

首先,所装配成的组件如图 2.3.12 所示。

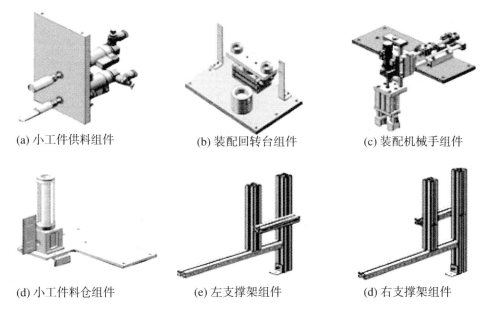

(a) 小工件供料组件　　　　　(b) 装配回转台组件　　　　(c) 装配机械手组件

(d) 小工件料仓组件　　　　　(e) 左支撑架组件　　　　　(d) 右支撑架组件

图 2.3.12　装配单元装配过程的组件

在完成以上组件的装配后,将与底板接触的型材放置在底板的连接螺纹之上,使用"L"形的连接件和连接螺栓,固定装配站的型材支撑架,如图 2.3.13 所示。

然后把图 2.3.13 中的组件逐个安装上去,顺序为:装配回转台组件→小工件料仓组件→小工件供料组件→装配机械手组件。最后,安装警示灯及其各传感器,从而完成机械部分装配。

装配注意事项如下:

(1) 装配时要注意摆台的初始位置,以免装配完后摆动角度不到位。预留螺栓的放置一定要足够,以免造成组件之间不能完成安装。

(2) 建议先进行装配,但不要一次拧紧各固定螺栓,待相互位置基本确定后,再依次进行调整固定。

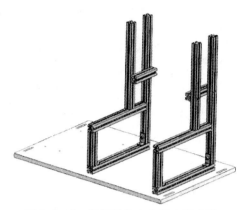

图 2.3.13　框架组件在底板上的安装

3.2.2　装配单元的气路连接

从汇流排开始,按图 2.3.11 所示的气动控制回路原理图连接电磁阀、气缸。连接时注意气管走向应按序排布、均匀美观,不能交叉、打折;气管要在快速接头中插紧,不能够有漏气现象。

气路调试包括:(1)用电磁阀上的手动换向加锁钮验证各气缸的初始位置和动作位置是否正确。(2)调整气缸节流阀以控制活塞杆的往复运动速度,伸出速度以不推倒工件为准。

3.2.3　装配单元的 PLC 控制

装配单元的 I/O 点较多,选用 S7-200-226 CN AC/DC/RLY 主单元,共 24 点输入,16点继电器输出。PLC 的 I/O 分配如表 2.3.1 所示,PLC 接线原理如图 2.3.14 所示。

表 2.3.1　装配单元 PLC 的 I/O 信号表

输入信号				输出信号			
序号	PLC 输入点	信号名称	信号来源	序号	PLC 输出点	信号名称	信号来源
1	I0.0	零件不足检测		1	Q0.0	挡料电磁阀	
2	I0.1	零件有无检测		2	Q0.1	顶料电磁阀	
3	I0.2	左料盘零件检测		3	Q0.2	回转电磁阀	
4	I0.3	右料盘零件检测	装置侧	4	Q0.3	手爪夹紧电磁阀	装置侧
5	I0.4	装配台工件检测		5	Q0.4	手爪下降电磁阀	
6	I0.5	顶料到位检测		6	Q0.5	手臂伸出电磁阀	
7	I0.6	顶料复位检测		7	Q0.6	红色警示灯	

输 入 信 号				输 出 信 号			
序号	PLC 输入点	信号名称	信号来源	序号	PLC 输出点	信号名称	信号来源
8	I0.7	挡料状态检测		8	Q0.7	橙色警示灯	装置侧
9	I1.0	落料状态检测		9	Q1.0	绿色警示灯	
10	I1.1	摆动气缸左限检测		10	Q1.1		
11	I1.2	摆动气缸右限检测		11	Q1.2		
12	I1.3	手爪夹紧检测	装置侧	12	Q1.3		
13	I1.4	手爪下降到位检测		13	Q1.4		
14	I1.5	手爪上升到位检测		14	Q1.5	HL1	按钮/指示灯模块
15	I1.6	手臂缩回到位检测		15	Q1.6	HL2	
16	I1.7	手臂伸出到位检测		16	Q1.7	HL3	
17	I2.0						
18	I2.1						
19	I2.2						
20	I2.3						
21	I2.4	停止按钮					
22	I2.5	启动按钮	按钮/指示灯模块				
23	I2.6	急停按钮					
24	I2.7	单机/联机					

注:警示灯用来指示 YL-335B 整体运行时的工作状态,工作任务是装配单元单独运行,没有要求使用警示灯,可以不连接到 PLC 上。

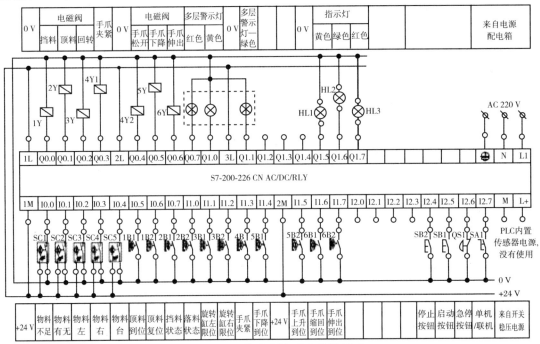

图 2.3.14 装配单元 PLC 接线原理

3.2.4 编写和调试 PLC 控制程序

编写程序的思路如下：

（1）进入运行状态后，装配单元的工作过程包括两个相互独立的子过程，一个是供料过程，另一个是装配过程。供料过程就是通过供料机构的操作，使料仓中的小圆柱零件落下到摆台左边料盘上；然后摆台转动，使装有零件的料盘转移到右边，以便装配机械手抓取零件。装配过程是当装配台上有待装配工件，且装配机械手下方有小圆柱零件时，进行装配操作。

在主程序中，当初始状态检查结束，确认单元准备就绪，按下启动按钮进入运行状态后，应同时调用供料控制和装配控制两个子程序，如图 2.3.15 所示。

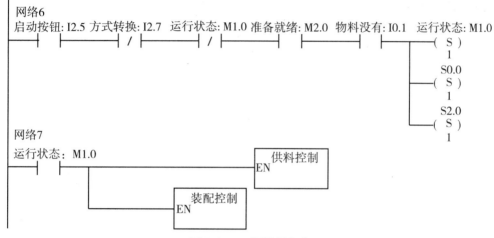

图 2.3.15 调用子程序

（2）供料控制过程包含两个互相联锁的过程，即落料过程和摆台转动、料盘转移的过程。在小圆柱零件从料仓下落到左料盘的过程中，禁止摆台转动；反之，在摆台转动过程中，禁止打开料仓（挡料气缸缩回）落料。

实现联锁的方法是：① 当摆台的左限位或右限位磁性开关动作并且左料盘没有料，经定时确认后，开始落料过程；② 当挡料气缸伸出到位使料仓关闭、左料盘有物料而右料盘为空，经定时确认后，开始摆台转动，直到达到限位位置。摆动气缸转动操作的梯形图如图 2.3.16 所示。

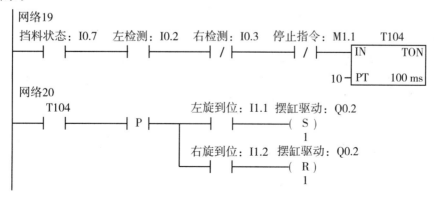

图 2.3.16 摆动气缸转动操作的梯形图

（3）供料过程的落料控制和装配控制过程都是单序列步进顺序控制，具体编程步骤这里不再赘述，读者可参考相关程序自行编制。

（4）停止运行，有两种情况。一是在运行中按下停止按钮，停止指令被置位；另一种情况是当料仓中最后一个零件落下时，检测物料有无的传感器动作（I0.1 OFF）将发出缺料报警。对于供料过程的落料控制，上述两种情况均应在料仓关闭，顶料气缸复位到位即返回到初始步后停止下次落料，并复位落料初始步。但对于摆台转动控制，一旦停止指令发出，则应立即停止摆台转动。

对于装配控制，上述两种情况也应在一次装配完成，装配机械手返回到初始位置后停止。

仅当落料机构和装配机械手均返回到初始位置，才能复位运行状态标志和停止指令。停止运行的操作应在主程序中编制，其梯形图如图 2.3.17 所示。

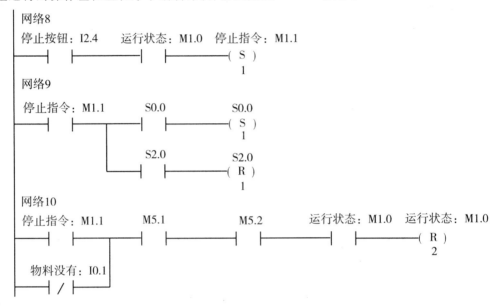

图 2.3.17　装配停止梯形图

3.2.5　调试与运行

（1）调整气动部分，检查气路是否正确，气压是否合理，气缸的动作速度是否合理。

（2）检查磁性开关的安装位置是否到位，磁性开关工作是否正常。

（3）检查 I/O 接线是否正确。

（4）检查传感器安装是否合理，灵敏度是否合适，保证检测的可靠性。

（5）放入工件，运行程序看装配单元动作是否满足任务要求。

项目 4　分拣单元的安装与调试

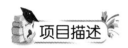
项目描述

(1) 设备的工作目标是完成对白色芯金属工件、白色芯塑料工件和黑色芯的金属或塑料工件进行分拣。为了在分拣时准确推出工件,要求使用旋转编码器做定位检测,并且工件材料和芯体颜色属性应在推料气缸前的适应位置被检测出来。

(2) 设备上电和气源接通后,若工作单元的三个气缸均处于缩回位置,则"正常工作"指示灯 HL1(黄灯)常亮,表示设备准备好。否则,该指示灯以 1 Hz 频率闪烁。

(3) 若设备准备好,按下启动按钮,系统启动,"设备运行"指示灯 HL2(绿灯)常亮。当传送带入料口人工放下已装配的工件时,变频器启动,驱动传动电动机以频率固定为 30 Hz 的速度把工件带往分拣区。

如果工件为白色芯金属件,则该工件对到达 1 号滑槽中间,传送带停止,工件对被推到 1 号槽中;如果工件为白色芯塑料件,则该工件对到达 2 号滑槽中间,传送带停止,工件对被推到 2 号槽中;如果工件为黑色芯体件,则该工件对到达 3 号滑槽中间,传送带停止,工件对被推到 3 号槽中。工件被推出滑槽后,该工作单元的一个工作周期结束。

仅当工件被推出滑槽后,才能再次向传送带下料。如果在运行期间按下停止按钮,该工作单元在本工作周期结束后停止运行。

项目任务

(1) 规划 PLC 的 I/O 分配及接线端子分配。
(2) 进行系统安装接线。
(3) 按控制要求编制 PLC 程序。

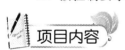
项目内容

4.1　分拣单元的结构及工作过程

分拣单元的结构组成如图 2.4.1 所示。其主要结构组成为传送和分拣机构、传动机构、变频器模块、电磁阀组、接线端口、PLC 模块、底板等。

图 2.4.1　分拣单元的机械结构

4.1.1　传送和分拣机构

传送和分拣机构如图 2.4.2 所示。传送已经加工、装配好的工件,被光纤传感器检测到并进行分拣。它主要由传送带、物料槽、推料(分拣)气缸、漫射式光电传感器、光纤传感器、磁感应接近式传感器组成。

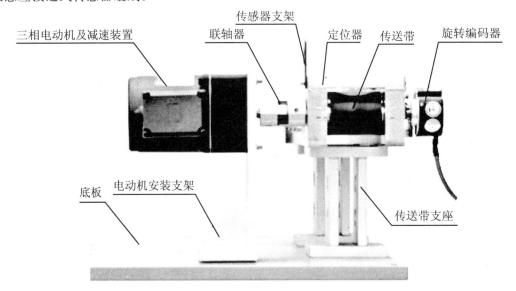

图 2.4.2　传送和分拣结构

传送带是把机械手输送过来加工好的工件进行传输,输送至分拣区。导向件是用纠偏机械手输送过来的工件。两条物料槽分别用于存放加工好的黑色工件和白色工件。

传送和分拣的工作原理:本站的功能是完成从装配站送来的装配好的工件进行分拣;当输送站送来工件放到传送带上并被入料口漫射式光电传感器检测到时,将信号传输给 PLC,通过 PLC 的程序启动变频器,电机运转驱动传送带工作,把工件带进分拣区,如果进入分拣区工件为白色,则检测白色物料的光纤传感器动作,作为 1 号槽推料气缸启动信号,将白色料推到 1 号槽里,如果进入分拣区工件为黑色,检测黑色的光纤传感器作为 2 号槽推料气缸启动信号,将黑色料推到 2 号槽里。自动生产线的加工结束。

在每个料槽的对面都装有推料(分拣)气缸,把分拣出的工件推到对号的料槽中。在两个推料(分拣)气缸的前极限位置分别装有磁感应接近开关,在 PLC 的自动控制可根据该信号来判别分拣气缸当前所处位置。当推料(分拣)气缸将物料推出时,磁感应接近开关动作输出信号为"1",反之,输出信号为"0"。

在安装和调试传送、分拣机构时,需要注意以下 3 点:

(1) 分拣单元的两个气缸在安装时需要注意两点:一是安装位置,应使工件从料槽中间被推入;二是要注意安装水平,否则有可能推翻工件。

(2) 为了准确且平稳地把工件从滑槽中间推出,需要仔细地调整两个分拣气缸的位置和气缸活塞杆的伸出速度,调整方法在前面已经叙述过了。

(3) 在传送带入料口位置装有漫射式光电传感器,用以检测是否有工件输送过来进行分拣。有工件时,漫射式光电传感器将信号传输给 PLC,用户 PLC 程序输出启动变频器信号,从而驱动三相减速电动机启动,将工件输送至分拣区。

该光电开关灵敏度的调整以能在传送带上方检测到工件为准,过高的灵敏度会引入干扰。

4.1.2　传动机构

传动机构如图 2.4.3 所示。采用的三相减速电机用于拖动传送带,从而输送物料。它主要由电机支架、电机、联轴器等组成。

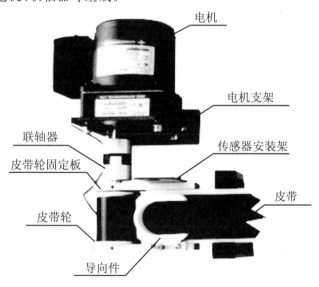

图 2.4.3　传动机构

三相电机是传动机构的主要部分,电动机转速的快慢由变频器来控制,其作用是带传送带从而输送物料。电机支架用于固定电动机。由于联轴器把电动机的轴和输送带主动轮的轴连接起来,从而组成一个传动机构。在安装和调整时,要注意电动机的轴和输送带主动轮的轴必须要保持在同一直线上。

4.1.3 电磁阀组

分拣单元的电磁阀组只使用了三个由二位五通的带手控开关的单电控电磁阀,它们安装在汇流板上。这两个阀分别对白料推动气缸和黑料推动气缸的气路进行控制,以改变各自的动作状态。

所采用的电磁阀所带手控开关有锁定(LOCK)和开启(PUSH)两种位置。在进行设备调试时,使手控开关处于开启位置,可以使用手控开关对阀进行控制,从而实现对相应气路的控制,以改变推料气缸等执行机构的控制,达到调试的目的。

4.1.4 气动控制回路

本单元气动控制回路的工作原理如图 2.4.4 所示。图中 1A 和 2A 分别为分拣气缸一和分拣气缸二。1B1 为安装在分拣气缸一的前极限工作位置的磁感应接近开关,2B1 为安装在分拣气缸二的前极限工作位置的磁感应接近开关。1Y1 和 2Y1 分别为控制分拣气缸一和分拣气缸二的电磁阀的电磁控制端。

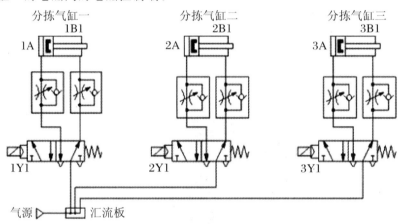

图 2.4.4 分拣单元气动控制回路工作原理图

4.2   分拣单元安装技能训练

4.2.1   分拣单元(分拣站)的安装

(1) 完成传送机构的组装,装配传送带装置及其支座,然后将其安装到底板上,如

图 2.4.5 所示。

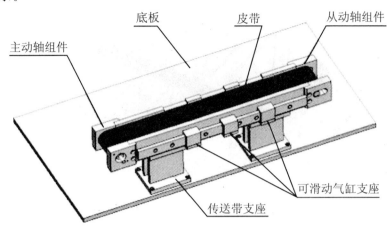

图 2.4.5   传送机构组件安装

（2）完成驱动电机组件装配，进一步装配联轴器，把驱动电机组件与传送机构相连接并固定在底板上，如图 2.4.6 所示。

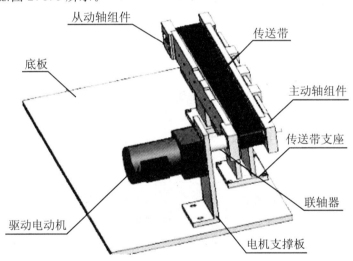

图 2.4.6   驱动电机组件安装

（3）继续完成推料气缸支架、推料气缸、传感器支架、出料槽及支撑板等装配，如图 2.4.7所示。

（4）最后完成各传感器、电磁阀组件、装置侧接线端口等装配。

（5）传送带和轴的安装注意事项如下：① 皮带托板与传送带两侧板的固定位置应调整好，以免皮带安装后凹入侧板表面，造成推料被卡住的现象。② 主动轴和从动轴的安装位置不能错，主动轴和从动轴的安装板的位置不能相互调换。③ 皮带的张紧度应调整适中。④ 要保证主动轴和从动轴的平行。⑤ 为了使传动部分平稳可靠，噪音减小，特使用滚动轴承为动力回转件，但滚动轴承及其安装配合零件均为精密结构件，对其拆装需要一定的技能和专用的工具，建议不要自行拆卸。

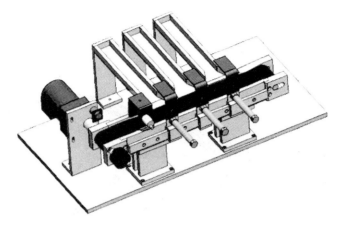

图 2.4.7　机械部件安装完成时的效果图

4.2.2　分拣单元的气路设计与连接

从汇流排开始,按图 2.4.4 所示的气动控制回路原理图连接电磁阀、气缸。连接时注意气管走向应按序排布、均匀美观,不能交叉、打折;气管要在快速接头中插紧,不能够有漏气现象。

气路调试包括:① 用电磁阀上的手动换向、加锁钮验证各气缸的初始位置和动作位置是否正确。② 调整气缸节流阀以控制活塞杆的往复运动速度,伸出速度以不推倒工件为准。

4.2.3　变频器的连接及参数设置

1.变频器的接线

变频器的接线如图 2.4.8 所示。

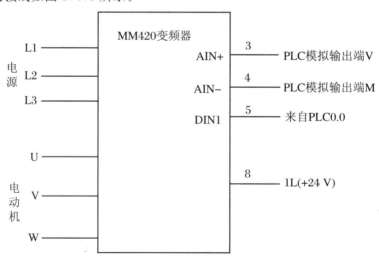

图 2.4.8　变频器接线图

2．变频器电动机的参数设置

用 BOP 进行变频器的"快速调试"包括电动机参数和斜坡函数的参数设定。并且，电动机参数的修改仅当快速调试时有效。在进行"快速调试"以前，必须完成变频器的机械和电气安装。当选择 P0010 = 1 时，进行快速调试。

表 2.4.1 是对应 YL-335B 上选用的电动机（型）的参数设置表。

表 2.4.1　电动机参数设置表

参数号	出厂值	设置值	说　　　明
P0003	1	1	设用户访问级为标准级
P0010	0	1	快速调试
P0100	0	0	设置使用地区，0 = 欧洲，功率以 kW 表示，频率为 50 Hz
P0304	400	380	电动机额定电压（V）
P0305	1.90	0.18	电动机额定电流（A）
P0307	0.75	0.03	电动机额定功率（kW）
P0310	50	50	电动机额定频率（Hz）
P0311	1395	1300	电动机额定转速（r/min）

快速调试的进行与参数 P3900 的设定有关，当其被设定为 1 时，快速调试结束后，要完成必要的电动机计算，并使其他所有的参数（P0010 = 1 不包括在内）复位为工厂的缺省设置。当 P3900 = 1 并完成快速调试后，变频器已做好了运行准备。

3．脉冲当量的测试

旋转编码器是通过光电转换，将输出至轴上的机械、几何位移量转换成脉冲或数字信号的传感器，主要用于速度或位置（角度）的检测。一般来说，根据旋转编码器产生脉冲的方式的不同，可以分为增量式、绝对式以及复合式三大类。自动线上常采用的是增量式旋转编码器。YL-335B 分拣单元使用了这种具有 A、B 两相 90° 相位差的通用型旋转编码器，用于计算工件在传送带上的位置。编码器直接连接到传送带主动轴上。该旋转编码器的三相脉冲采用 NPN 型集电极开路输出，分辨率 500 线，工作电源 DC 12～24 V。本工作单元没有使用 Z 相脉冲，A、B 两相输出端直接连接到 PLC（S7-224XP AC/DC/RLY 主单元）的高速计数器输入端。计算工件在传送带上的位置时，需要确定每两个脉冲之间的距离即脉冲当量。分拣单元主动轴的直径为 $d = 43$ mm，则减速电机每旋转一周，皮带上工件移动距离 $L = \pi \cdot d = 3.14 \times 43 = 136.35$ mm，故脉冲当量 μ 为 $\mu = L/500 \approx 0.273$ mm。按如图 2.4.9 所示的安装尺寸，当工件从下料口中心线移至传感器中心时，旋转编码器约发出 430 个脉冲；移至第 1 个推杆中心点时，约发出 614 个脉冲；移至第 2 个推杆中心点时，约发出 963 个脉冲；移至第 3 个推杆中心点时，约发出 1284 个脉冲。

应该指出的是，上述脉冲当量的计算只是理论上的。实际上各种误差因素不可避免，例如传送带主动轴直径（包括皮带厚度）的测量误差，传送带的安装偏差、张紧度，分拣单元整体在工作台面上定位偏差等，都将影响理论计算值。因此理论计算值只能作为估算值。脉冲当量的误差所引起的累积误差会随着工件在传送带上运动距离的增大而迅速增加，甚至达到不可容忍的地步。因而在分拣单元安装调试时，除了要仔细调整、尽量减少安装偏差外,尚需现场测试脉冲当量值。

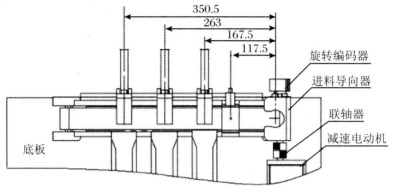

图 2.4.9　传送带位置计算用图

旋转编码器脉冲当量的现场测试如下:

前面已经指出,根据传送带主动轴直径计算旋转编码器的脉冲当量,其结果只是一个估算值。在分拣单元安装调试时,除了要仔细调整尽量减少安装偏差外,尚需现场测试脉冲当量值。一种测试方法的步骤如下:

(1) 分拣单元安装调试时,必须仔细调整电动机与主动轴联轴的同心度和传送皮带的张紧度。调节张紧度的两个调节螺栓应平衡调节,避免皮带运行时跑偏。传送带张紧度以电动机在输入频率为 1 Hz 时能顺利启动,低于 1 Hz 时难以启动为宜。测试时可把变频器设置为在 BOP 操作板进行操作(启动/停止和频率调节)的运行模式,即设定参数 P0700 = 1(使能 BOP 操作板上的启动/停止按钮),P1000 = 1(使能电动电位计的设定值)。

(2) 安装调整结束后,变频器参数设置如下:

P0700 = 2(指定命令源为"由端子排输入")。

P0701 = 16(确定数字输入 DIN1 为"直接选择 + ON"命令)。

P1000 = 3(频率设定值的选择为固定频率)。

P1001 = 25 Hz(DIN1 的频率设定值)。

(3) 在 PC 机上用 STEP 7-Micro/WIN 编程软件编写 PLC 程序,主程序清单如图2.4.10所示,编译后传送到 PLC。

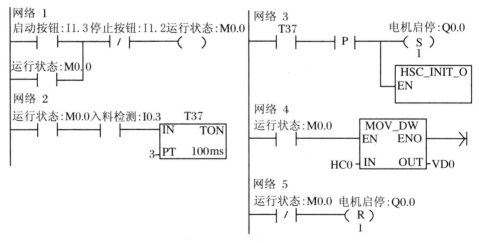

图 2.4.10　位置控制程序

（4）运行 PLC 程序，并置于监控方式。在传送带进料口中心处放下工件后，按启动按钮启动运行。工件被传送到一段较长的距离后，按下停止按钮停止运行。观察 STEP 7-Micro/WIN 软件监控界面上 VD0 的读数，将此值填写到表 2.4.2 的"高速计数脉冲数"一栏中；然后在传送带上测量工件移动的距离，把测量值填写到表中"工件移动距离"一栏中；计算高速计数脉冲数/4 的值，填写到"编码器脉冲数"一栏中，则脉冲当量 μ 计算值＝工件移动距离/编码器脉冲数，填写到相应栏目中。

表 2.4.2　脉冲当量现场测试数据

内容 序号	工件移动距离 （测量值）	高速计数脉冲数 （测试值）	编码器脉冲数 （计算值）	脉冲当量 μ （计算值）
第一次	357.8	5565	1391	0.2571
第二次	358	5568	1392	0.2571
第三次	360.5	5577	1394	0.2586

重新把工件放到进料口中心处，按下启动按钮即进行第二次测试。在进行三次测试后，求出脉冲当量 μ 平均值为：$\mu = (\mu_1 + \mu_2 + \mu_3)/3 = 0.2576$。

在本项工作任务中，编程高速计数器的目的是根据 HC0 当前值确定工件位置，与存储到指定的变量存储器的特定位置数据进行比较，以确定程序的流向。特定位置数据是：

① 进料口到传感器位置的脉冲为 1824，存储在 VD10 单元中（双整数）。

② 进料口到推杆 1 位置的脉冲数为 2600，存储在 VD14 单元中。

③ 进料口到推杆 2 位置的脉冲数为 4084，存储在 VD18 单元中。

④ 进料口到推杆 3 位置的脉冲数为 5444，存储在 VD22 单元中。

可以使用数据块来对上述 V 存储器赋值，在 STEP 7-Micro/WIN 界面项目指令树中，选择数据块→用户定义 1；在所出现的数据页界面上逐行键入 V 存储器起始地址、数据值及其注释（可选），允许用逗号、制表符或空格作为地址和数据的分隔符号，如图 2.4.11 所示。

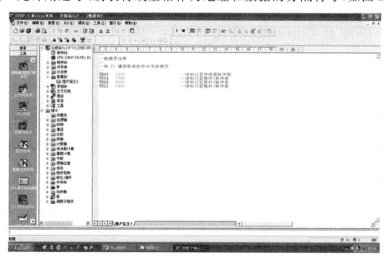

图 2.4.11　使用数据块对 V 存储器赋值

注意：特定位置数据均从进料口开始计算，因此，每当待分拣工件下料到进料口，电机开始启动时，必须对 HC0 的当前值（存储在 SMD38 中）进行一次清零操作。

4．变频器的参数设置

自动线变频器参数设置如表 2.4.3 所示。

表 2.4.3　MM420 变频器参数设置

序号	参数	设置值	说明	功能和含义
1	P0010	30		
2	P0970	1		恢复出厂设置
3	P0003	3		
4	P0004	0		
5	P0010	1		快速调试
6	P0100	0	选择 0，50 Hz	选择地区是欧洲/北美
7	P0304	380		电动机的额定电压
8	P0305	0.18		电动机的额定电流
9	P0307	0.03		电动机的额定功率
10	P0310	50		电动机的额定频率
11	P0311	1300		电动机的额定转速
12	P1080	0		电动机的最小频率
13	P1082	50		电动机的最大频率
14	P1120	1		斜坡上升时间
15	P1121	0.1		斜坡下降时间
16	P3900	1		结束快速调试

4.2.4　分拣单元电气线路设计及连接

分拣单元 PLC 选用 S7-224 XP AC/DC/RLY 主单元，共 14 点输入和 10 点继电器输出。选用 S7-224 XP 主单元的原因是，当变频器的频率设定值由 HMI 指定时，该频率设定值是一个随机数，需要由 PLC 通过 D/A 变换方式向变频器输入模拟量的频率指令，以实现电机速度连续调整。S7-224 XP 主单元集成有 2 路模拟量输入，1 路模拟量输出，有两个 RS-485 通信口，可满足 D/A 变换的编程要求。

本项目工作任务仅要求以 30 Hz 的固定频率驱动电动机运转，只需要用固定频率方式控制变频器即可。本例中，选用 MM420 的端子"5"（DIN1）作电机启动和频率控制，PLC 的信号见表 2.4.4，I/O 接线原理如图 2.4.12 所示。

表 2.4.4 分拣单元 PLC 的 I/O 信号表

输 入 信 号				输 出 信 号			
序号	PLC 输入点	信号名称	信号来源	序号	PLC 输出点	信号名称	信号来源
1	I0.0	旋转编码器 B 相		1	Q0.0	电机启动	变频器
2	I0.1	旋转编码器 A 相		2	Q0.1		
3	I0.2	光纤传感器 1		3	Q0.2		
4	I0.3	光纤传感器 2		4			
5	I0.4	进料口工件检测	装置侧	5	Q0.3		
6	I0.5	电感式传感器		6	Q0.4		
7	I0.6			7	Q0.5		
8	I0.7	推杆 1 推出到位		8	Q0.6		
9	I1.0	推杆 2 推出到位		9	Q0.7	HL1	按钮/指
10	I1.1	推杆 3 推出到位		10	Q1.0	HL2	示灯模块
11	I1.2	启动按钮					
12	I1.3	停止按钮	按钮/指				
13	I1.4		示灯模块				
14	I1.5	单站/全线					

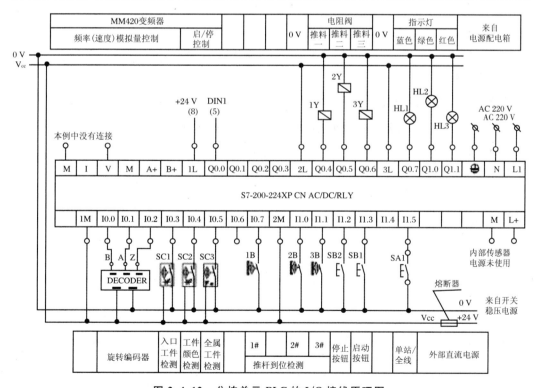

图 2.4.12 分拣单元 PLC 的 I/O 接线原理图

4.2.5　分拣单元的触摸屏组态软件设计

分拣单元界面如图 2.4.13 所示。

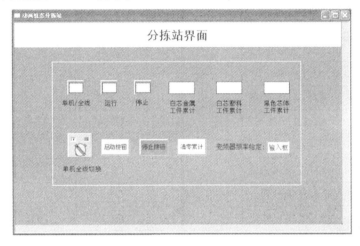

图 2.4.13　分拣单元界面

分拣单元界面中包含了如下内容：

（1）状态指示：单机/全线、运行、停止。

（2）切换旋钮：单机全线切换。

（3）按钮：启动、停止、清零累计按钮。

（4）数据输入：变频器输入频率设置。

（5）数据输出显示：白芯金属工件累计、白芯塑料工件累计、黑色芯体工件累计。

（6）矩形框。

下面列出了触摸屏组态画面各元件对应 PLC 地址，如表 2.4.5 所示。

表 2.4.5　触摸屏组态画面各元件对应 PLC 地址

元件类别	名称	输入地址	输出地址	备　注
位状态切换开关	单机/全线切换	M0.1	M0.1	
位状态开关	启动按钮		M0.2	
	停止按钮		M0.3	
	清零累计按钮		M0.4	
位状态指示灯	单机/全线指示灯	M0.1	M0.1	
	运行指示灯		M0.1	
	停止指示灯		M0.0	
数值输入元件	变频器频率给定	VW1002	VW1002	最小值40,最大值50
数值输出元件	白芯金属工件累计	VW70		
	白芯塑料工件累计	VW72		
	黑色芯体工件累计	VW74		

人机界面的组态方法如下:

1.创建工程

TPC 类型中如果找不到"TPC7062KS"的话,则请选择"TPC7062K",工程名称为"335B-分拣站"。

2.定义数据对象

根据前面给出的表 2.4.5 定义数据对象,所有的数据对象如表 2.4.6 列出。

表 2.4.6　数据对象的定义

数据名称	数据类型	注释
运行状态	开关型	
单机全线切换	开关型	
启动按钮	开关型	
停止按钮	开关型	
清零累计按钮	开关型	
变频器频率给定	数值型	
白芯金属工件累计	数值型	
白芯塑料工件累计	数值型	
黑色芯体工件累计	数值型	

下面以数据对象"运行状态"为例,介绍定义数据对象的步骤:

(1)单击工作台中的"实时数据库"窗口标签,进入实时数据库窗口页。

(2)单击"新增对象"按钮,在窗口的数据对象列表中,增加新的数据对象,系统缺省定义的名称为"Data1"、"Data2"、"Data3"等(多次点击该按钮,则可增加多个数据对象)。

(3)选中对象,按"对象属性"按钮,或双击选中对象,则打开"数据对象属性设置"窗口。

(4)将对象名称改为"运行状态";对象类型选择"开关型";单击"确认"。按照此步骤,根据上面列表,设置其他数据对象。

3.设备连接

为了能够使触摸屏和 PLC 通信连接上,需要把定义好的数据对象和 PLC 内部变量进行连接,具体操作步骤如下:

(1)在"设备窗口"中双击"设备窗口"图标进入。

(2)点击工具条中的"工具箱" ✖ 图标,打开"设备工具箱"。

(3)在可选设备列表中,先双击"通用串口父设备",再双击"西门子_S7200PPI",在下方出现"通用串口父设备"及其中的"西门子_S7200PPI",如图 2.4.14 所示。

(4)双击"通用串口父设备",进入通用串口父设备的基本属性设置,如图 2.4.15 所示,做如下设置:

①"串口端口号(1~255)"设置为"0-COM1"。

② "通讯波特率"设置为"8-19200"。

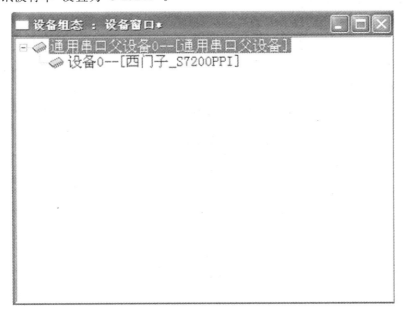

图 2.4.14   设备窗口设置

③ 数据校验方式设置为"2-偶校验"。

④ 其他设置为默认。

图 2.4.15   通用串口设备属性设置

（5）双击"西门子_S7200PPI"，进入设备编辑窗口，如图 2.4.16 所示。默认右窗口自动生产通道名称 I000.0～I000.7，可以单击"删除全部通道"按钮予以删除。

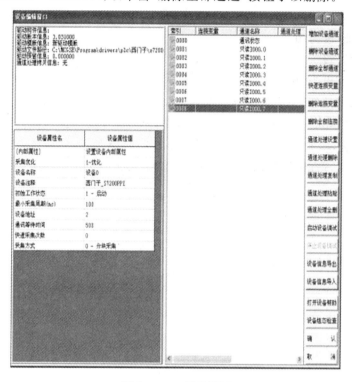

图 2.4.16　通道界面

（6）接下进行变量的连接，这里以"运行状态"变量进行连接为例说明。

① 单击"添加设备通道"按钮，出现如图 2.4.17 所示的窗口。

图 2.4.17　添加设备通道

参数设置如下：

a）"通道类型"设为 M 寄存器。

b）"数据类型"设为"通道的第 00 位"。

c）"通道地址"设为"0"。

d）"通道个数"设为"1"。

e）"读写方式"设为"只读"。

② 单击"确认"按钮，完成基本属性设置。

③ 双击"只读 M000.0"通道对应的连接变量，从数据中心选择变量："运行状态"。

用同样的方法，增加其他通道，连接变量，如图 2.4.18 所示，完成单击"确认"按钮。

索引	连接变量	通道名称	通道处理
0000		通讯状态	
0001	运行状态	只读M000.0	
0002	单机全线切换	读写M000.1	
0003	启动按钮	只写M000.2	
0004	停止按钮	只写M000.3	
0005	清零累计按钮	只写M000.4	
0006	变频器频率给定	只写VWUB072	
0007	白芯金属工件累计	只写VWUB074	
0008	白芯塑料工件累计	只写VWUB076	
0009	黑色芯体工件累计	读写VWUB1002	

图 2.4.18　数据通道的数据类型

4．画面和元件的制作

（1）新建画面以及属性设置。

① 在"用户窗口"中单击"新建窗口"按钮，建立"窗口 0"。选中"窗口 0"，单击"窗口属性"，进入用户窗口属性设置。

② 将窗口名称改为"分拣画面"；窗口标题改为"分拣画面"。

③ 单击"窗口背景"，在"其他颜色"中选择所需的颜色。

（2）制作文字框图：以标题文字的制作为例说明。

① 单击工具条中的"工具箱" ✖ 按钮，打开绘图工具箱。

② 选择"工具箱"内的"标签"按钮 **A**，鼠标的光标呈"十"字形，在窗口顶端中心位置拖拽鼠标，根据需要拉出一个大小适合的矩形。

③ 在光标闪烁位置输入文字"分拣站界面"，按回车键或在窗口任意位置用鼠标点击一下，文字输入完毕。

④ 选中文字框，做如下设置：

a）点击工具条上的（填充色）按钮 ，将文字框的背景颜色设为"白色"。

b）点击工具条上的（线色）按钮 ，将文字框的边线颜色设为"没有边线"。

c）点击工具条上的（字符字体）按钮 A^a，将文字字体设为"华文细黑"，字形设为"粗体"，大小设为"二号"。

d）点击工具条上的（字符颜色）按钮 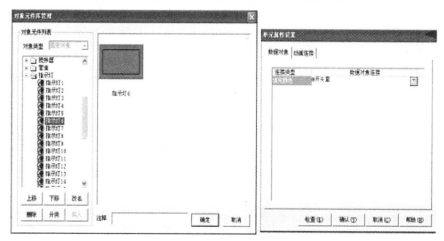，将文字颜色设为"藏青色"。

⑤ 其他文字框的属性设置如下：

a）将背景颜色设为"同画面背景颜色"。

b）将边线颜色设为"没有边线"。

c）将文字字体设为"华文细黑"，字形设为"常规"，字体大小设为"二号"。

（3）制作状态指示灯。以"单机/全线"指示灯为例说明：

① 单击绘图工具箱中的（插入元件）图标，弹出对象元件管理对话框，选择"指示灯6"，按"确认"按钮。双击指示灯，弹出的对话框如图 2.4.19 所示。

图 2.4.19 指示灯属性设置

② 数据对象中，单击右角的"?"按钮，从数据中心选择"单机全线切换"变量。

③ 动画连接中，单击"填充颜色"，右边出现 > 按钮，单击 > 按钮，出现如图2.4.20所示对话框"属性设置"页中，填充颜色设为"白色"。

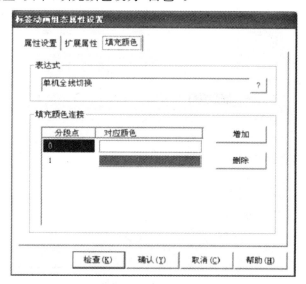

图 2.4.20 填充颜色

④"填充颜色"页中,分段点 0 对应颜色为"白色";分段点 1 对应颜色为"浅绿色"。如图 2.4.20 所示,单击"确认"按钮完成。

(4) 制作切换旋钮。单击绘图工具箱中的(插入元件)图标 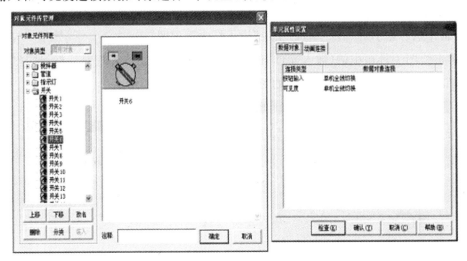,弹出对象元件管理对话框,选择"开关 6",按"确认"按钮。双击旋钮,弹出如图 2.4.21 的对话框。在数据对象页中,按钮输入和可见度连接数据对象选择"单机全线切换"。

图 2.4.21　制作切换旋钮

(5) 制作按钮。以启动按钮为例,予以说明:

① 单击绘图工具箱中 ⌐ 图标,在窗口中拖出一个大小合适的按钮,双击按钮,出现如图 2.4.22 所示的属性设置窗口。

图 2.4.22　基本属性设置

② 在"基本属性"页中,无论是抬起还是按下状态,"文本"都设为"启动按钮";"抬起功能"属性为:字体设"宋体",字体大小设为"五号",背景颜色设为"浅绿色";"按下功能"属性为:字体大小设为"小五号",其他同"抬起功能"。

③ 在"操作属性"页中,"抬起功能"设为:数据对象操作清 0,启动按钮;"按下功能"设为:数据对象操作置 1,启动按钮。

④ 其他默认。单击"确认"按钮完成。

（6）数值输入框。

① 选中"工具箱"中的"输入框" **abl** 图标,拖动鼠标,绘制 1 个输入框。

② 双击图标 **输入框**,进行属性设置。只需要设置如下操作属性:

a)"对应数据对象的名称"设为"变频器频率给定"。

b)"使用单位"设为"Hz"。

c)"最小值"设为"40"。

d)"最大值"设为"50"。

e)"小数位数"设为"0"。

设置结果如图 2.4.23 所示。

图 2.4.23　操作属性设置

（7）数据显示,以白色金属料累计数据显示为例:

① 选中"工具箱"中的 **A** 图标,拖动鼠标,绘制 1 个显示框。

② 双击显示框,出现对话框,在输入、输出连接域中,选中"显示输出"选项,在组态属性设置窗口中会出现"显示输出"标签,如图 2.4.24 所示。

图 2.4.24　显示输出属性设置

③ 单击"显示输出"标签,设置显示输出属性。参数设置如下:

a）表达式:白色金属料累计。

b）单位:个。

c）输出值类型:数值量输出。

d）输出格式:十进制。

e）整数位数:0。

f）小数位数:0。

④ 单击"确认",制作完毕。

(8) 制作矩形框。

单击工具箱中的图标 ⬜,在窗口的左上方拖出一个大小适合的矩形,双击矩形,属性设置如下:

　a）点击工具条上的 ▧(填充色)按钮,设置矩形框的背景颜色为"没有填充"。

　b）点击工具条上的 ▨(线色)按钮,设置矩形框的边线颜色为"白色"。

　c）其他默认。单击"确认"按钮完成。

5. 工程的下载

下载过程参考前面人机界面部分。

4.2.6　分拣单元 PLC 控制

(1) 分拣单元的主要工作过程是分拣控制,可编写一个子程序供主程序调用,工作状态显示的要求比较简单,可直接在主程序中编写。

（2）主程序的流程与前面所述的供料、加工等单元是类似的。但由于用高速计数器编程，必须在上电第 1 个扫描周期调用 HSC_INIT 子程序，以定义并使能高速计数器。主程序的编制，请读者自行完成。

（3）分拣控制子程序也是一个步进顺控程序，编程思路如下：

① 当检测到待分拣工件下料到进料口后，清零 IIC0 当前值，以固定频率启动变频器驱动电机运转。梯形图如图 2.4.25 所示。

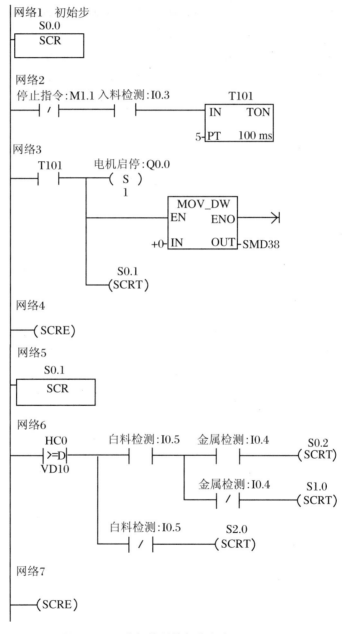

图 2.4.25　分解控制的部分程序

② 当工件经过安装传感器支架上的光纤探头和电感式传感器时，根据 2 个传感器动作与否，判别工件的属性，决定程序的流向。HC0 当前值与传感器位置值的比较可采用触点

比较指令实现。完成上述功能的梯形图。

　　③ 根据工件属性和分拣任务要求,在相应的推料气缸位置把工件推出。推料气缸返回后,步进顺控子程序返回初始步。这部分程序的编制,也请读者自行完成。

4.2.7　调试与运行

　　(1) 调整气动部分,检查气路是否正确,气压是否合理,气缸的动作速度是否合理。

　　(2) 检查磁性开关的安装位置是否到位,磁性开关工作是否正常。

　　(3) 检查 I/O 接线是否正确。

　　(4) 检查传感器安装是否合理,灵敏度是否合适,保证检测的可靠性。

　　(5) 放入工件,运行程序看分拣单元动作是否满足任务要求。

　　(6) 优化程序。

项目 5　输送单元的安装与调试

输送单元单站运行的目标是测试设备传送工件的功能。要求其他各工作单元已经就位,并且在供料单元的出料台上放置了工件。具体测试要求如下:

1. 复位操作

输送单元在通电后,按下复位按钮 SB1,执行复位操作,使抓取机械手装置回到原点位置。在复位过程中,"正常工作"指示灯 HL1(黄灯)以 1 Hz 的频率闪烁。当抓取机械手装置回到原点位置,且输送单元各个气缸满足初始位置的要求,则复位完成,"正常工作"指示灯 HL1 常亮。按下启动按钮 SB2,设备启动,"设备运行"指示灯 HL2(绿灯)也常亮,开始功能测试过程。

2. 正常功能测试

(1) 抓取机械手装置从供料站出料台抓取工件,抓取的顺序是:手臂伸出→手爪夹紧抓取工件→提升台上升→手臂缩回。

(2) 抓取动作完成后,伺服电机驱动机械手装置向加工站移动,移动速度不小于 300 mm/s。

(3) 机械手装置移动到加工站物料台的正前方后,即把工件放到加工站物料台上。抓取机械手装置在加工站放下工件的顺序是:手臂伸出→提升台下降→手爪松开放下工件→手臂缩回。

(4) 放下工件动作完成 2 s 后,抓取机械手装置执行抓取加工站工件的操作。抓取的顺序与供料站抓取工件的顺序相同。

(5) 抓取动作完成后,伺服电机驱动机械手装置移动到装配站物料台的正前方,然后把工件放到装配站物料台上。其动作顺序与加工站放下工件的顺序相同。

(6) 放下工件动作完成 2 s 后,抓取机械手装置执行抓取装配站工件的操作。抓取的顺序与供料站抓取工件的顺序相同。

(7) 机械手手臂缩回后,摆台逆时针旋转 90°,伺服电机驱动机械手装置从装配站向分拣站运送工件,到达分拣站传送带上方入料口后把工件放下,动作顺序与加工站放下工件的顺序相同。

(8) 放下工件动作完成后,机械手手臂缩回,然后执行返回原点的操作。伺服电机驱动机械手装置以 400 mm/s 的速度返回,返回 900 mm 后,摆台顺时针旋转 90°,然后以 100 mm/s 的低速返回原点停止。当抓取机械手装置返回原点后,一个测试周期结束。当供料单元的出料台上放置了工件时,再按一次启动按钮 SB2,开始新一轮的测试。

3. 非正常运行的功能测试

若在工作过程中按下急停按钮 QS,则系统立即停止运行。在急停复位后,应从急停前的断点开始继续运行。但是若急停按钮按下时，输送站机械手装置正在向某一目标点移动，则急停复位后输送站机械手装置应首先返回原点位置，然后再向原目标点运动。在急停状态下，绿色指示灯 HL2 以 1 Hz 的频率闪烁，直到急停复位后恢复正常运行时，HL2 恢复常亮。

（1）规划 PLC 的 I/O 分配及接线端子分配。
（2）进行系统安装接线。
（3）按控制要求编制 PLC 程序。

5.1　输送单元的结构

如图 2.5.1 所示，输送单元工艺功能是：驱动其抓取机械手装置精确定位到指定单元的物料台，在物料台上抓取工件，把抓取到的工件输送到指定地点，然后放下。

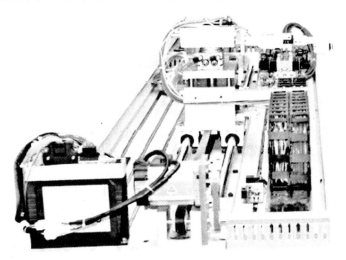

图 2.5.1　输送单元

YL-335B 出厂配置时，输送单元在网络系统中担任着主站的角色，它接收来自触摸屏的系统主令信号，读取网络上各从站的状态信息，加以综合后，向各从站发送控制要求，协调整个系统的工作。

5.1.1　抓取机械手装置

抓取机械手装置是一个能实现四自由度运动（即升降、伸缩、气动手指夹紧/松开和沿垂直轴旋转的四维运动)的工作单元,该装置整体安装在步进电机传动组件的滑动溜板上,在传动组件带动下整体做直线往复运动,定位到其他各工作单元的物料台,然后完成抓取和放下工件的功能。该装置实物如图 2.5.2 所示。

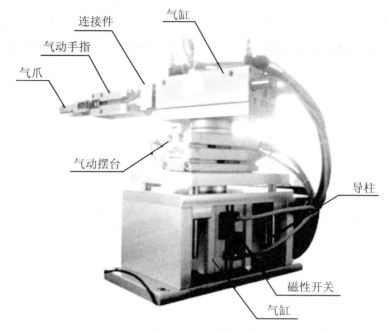

图 2.5.2　抓取机械手装置

具体构成如下:

(1) 气动手爪:双作用气缸由一个二位五通双向电控阀控制,带状态保持功能,用于各个工作站抓物搬运。双向电控阀工作原理类似双稳态触发器,即输出状态由输入状态决定,如果输出状态确认了,即使无输入状态,双向电控阀同样可保持被触发前的状态。

(2) 双杆气缸:双作用气缸由一个二位五通单向电控阀控制,用于控制手爪伸出缩回。

(3) 回转气缸:双作用气缸由一个二位五通单向电控阀控制,用于控制手臂正反向 90° 旋转,气缸旋转角度可以任意调节范围 0~180°,调节通过节流阀下方两颗固定缓冲器进行调整。

(4) 提升气缸:双作用气缸由一个二位五通单向电控阀控制,用于整个机械手提升下降。

以上气缸运行速度快慢由进气口节流阀调整进气量进行速度调节。

5.1.2　直线运动传动组件

直线运动传动组件用以拖动抓取机械手装置做往复直线运动,完成精确定位的功能。图 2.5.3 是该组件的俯视图。

图 2.5.4 给出了直线运动传动组件和抓取机械手装置组装起来的示意图。

传动组件由直线导轨底板、伺服电机及伺服放大器、同步轮、同步带、直线导轨、滑动溜板、拖链和原点接近开关、左、右极限开关组成。

伺服电机由伺服电机放大器驱动,通过同步轮和同步带带动滑动溜板沿直线导轨做往复直线运动,从而带动固定在滑动溜板上的抓取机械手装置做往复直线运动。同步轮齿距为 5 mm,共 12 个齿,即旋转一周搬运机械手位移 60 mm。

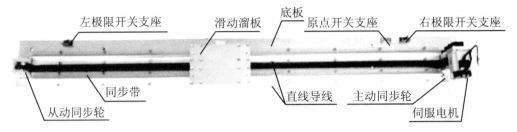

左极限开关支座　滑动溜板　底板　原点开关支座　右极限开关支座

同步带　　直线导线　主动同步轮

从动同步轮　　　　　　伺服电机

图 2.5.3　直线运动传动组件俯视图

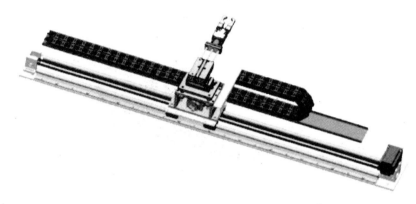

图 2.5.4　直线运动传动组件和抓取机械手装置

抓取机械手装置上所有气管和导线沿拖链敷设,进入线槽后分别连接到电磁阀组和接线端口上。

原点接近开关和左、右极限开关安装在直线导轨底板上,如图 2.5.5 所示。

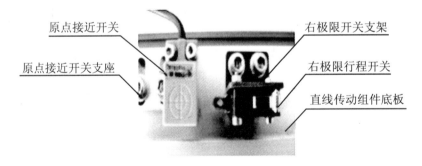

原点接近开关　　　　　　　　右极限开关支架

原点接近开关支座　　　　　　右极限行程开关

直线传动组件底板

图 2.5.5　原点接近开关和右极限开关

原点接近开关是一个无触点的电感式接近传感器,用来提供直线运动的起始点信号。关于电感式接近传感器的工作原理及选用、安装注意事项请参阅本篇项目一。左、右极限开关均是有触点的微动开关,用来提供越程故障时的保护信号:当滑动溜板在运动中越过左或右极限位置时,极限开关会动作,从而向系统发出越程故障。

5.1.3　气动控制回路

输送单元的抓取机械手装置上的所有气缸连接的气管沿拖链敷设,插接到电磁阀组上,其气动控制回路如图 2.5.6 所示。

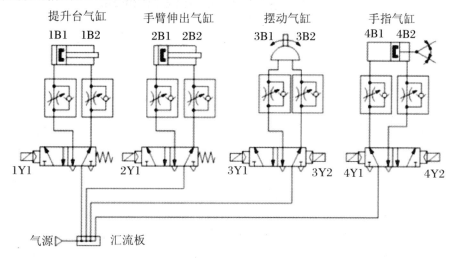

图 2.5.6　输送单元气动控制回路原理图

在气动控制回路中,驱动摆动气缸和气动手指气缸采用的是二位五通双电控电磁阀,电磁阀外形如图 2.5.7 所示。

双电控电磁阀与单电控电磁阀的区别是:对于单电控电磁阀来说,在无电控信号时,阀芯在弹簧力的作用下会被复位;而对于双电控电磁阀来说,在两端都无电控信号时,阀芯的位置取决于前一个电控信号。

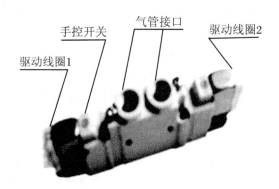

图 2.5.7　双电控电磁阀示意图

注意:双电控电磁阀的两个电控信号不能同时为"1",即在控制过程中不允许两个线圈同时得电,否则,可能会造成电磁线圈烧毁,当然,在这种情况下阀芯的位置是不确定的。

5.2　输送单元安装技能训练

5.2.1　输送单元的安装

为了提高安装的速度和准确性,对本单元的安装同样遵循先成组件、再进行总装的原则。

(1)组装直线运动组件的步骤如下:

① 在底板上装配直线导轨。直线导轨是精密机械运动部件,其安装、调整都要遵循一定的方法和步骤,而且该单元中使用的导轨的长度较长,要快速准确地调整好两导轨的相互位置,使其运动平稳、受力均匀、运动噪音小。

② 装配大溜板、四个滑块组件:将大溜板与两直线导轨上的四个滑块的位置找准并进行固定,在拧紧固定螺栓的时候,应一边推动大溜板左右运动一边拧紧螺栓,直到滑动顺畅为止。

③ 连接同步带:将连接了四个滑块的大溜板从导轨的一端取出。由于用于滚动的钢球嵌在滑块的橡胶套内,一定要避免橡胶套受到破坏或用力太大致使钢球掉落。将两个同步带固定座安装在大溜板的反面,用于固定同步带的两端。接下来分别将调整端同步轮安装支架组件、电机侧同步轮安装支架组件上的同步轮,套入同步带的两端,在此过程中应注意电机侧同步轮安装支架组件的安装方向、两组件的相对位置,并将同步带两端分别固定在各自的同步带固定座内,同时也要注意保持连接安装好后的同步带平顺一致。完成以上安装任务后,再将滑块套在柱形导轨上,套入时,一定不能损坏滑块内的滑动滚珠以及滚珠的保持架。

④ 同步轮安装支架组件装配:先将电机侧同步轮安装支架组件用螺栓固定在导轨安装底板上,再将调整端同步轮安装支架组件与底板连接,然后调整好同步带的张紧度,锁紧螺栓。为了提高安装的速度和准确性,对本单元的安装同样遵循先成组件、再进行总装的原则。

⑤ 伺服电机安装:将电机安装板固定在电机侧同步轮支架组件的相应位置,将电机与电机安装活动连接,并在主动轴、电机轴上分别套接同步轮,安装好同步带,调整电机位置,锁紧连接螺栓。最后安装左右限位以及原点传感器支架。

注意:在以上各构成零件中,轴承以及轴承座均为精密机械零部件,拆卸以及组度,锁紧螺栓。安装需要较熟练的技能和专用工具,因此,不可轻易对其进行拆卸或修配工作(具体安装过程请观看安装录像光盘)。图2.5.4展示了完成装配的直线运动传动组件。

(2)组装机械手装置。装配步骤如下:

① 提升机构组装,如图2.5.8所示。

② 把气动摆台固定在组装好的提升机构上,然后在气动摆台上固定导杆气缸安装板,安装时注意要先找好导杆气缸安装板与气动摆台连接的原始位置,以便有足够的回转角度。

③ 连接气动手指和导杆气缸,然后把导杆气缸固定到导杆气缸安装板上,完成抓取机

械手装置的装配,如图 2.5.9 所示。

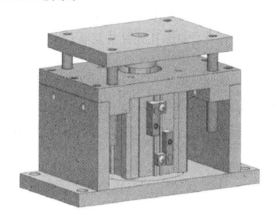

图 2.5.8　提升机构组装

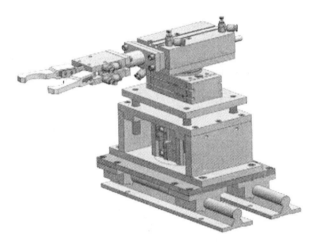

图 2.5.9　装配完成的抓取机械手装置

(3)把抓取机械手装置固定到直线运动组件的大溜板,如图 2.5.10 所示。最后,检查摆台上的导杆气缸、气动手指组件的回转位置是否满足在其余各工作站上抓取和放下工件的要求,进行适当的调整。

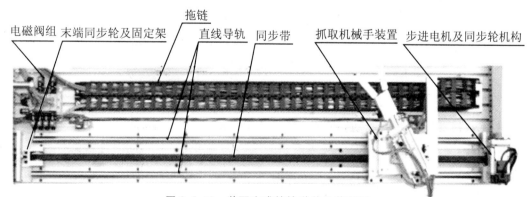

　　电磁阀组　末端同步轮及固定架　　直线导轨　同步带　　　抓取机械手装置　步进电机及同步轮机构
　　　　　　　　　　　　　　　　拖链

图 2.5.10　装配完成的输送单元装配侧

(4)气路连接和电气配线敷设。

当抓取机械手装置做往复运动时,连接到机械手装置上的气管和电气连接线也随之运动。

确保这些气管和电气连接线运动顺畅,不至在移动过程拉伤或脱落是安装过程中重要的一环。

连接到机械手装置上的管线首先绑扎在拖链安装支架上,然后沿拖链敷设,进入管线线槽中。绑扎管线时要注意管线引出端到绑扎处保持足够长度,以免机械运动时被拉紧造成脱落。沿拖链敷设时注意管线间不要相互交叉。

5.2.2　输送单元的伺服电动机控制

YL-335B 所使用的松下 MINAS A5 系列 AC 伺服电机、驱动器,电机编码器反馈脉冲为 2500 pulse/rev。在缺省情况下,驱动器反馈脉冲电子齿轮分—倍频值为 4 倍频。如果希望指令脉冲为 6000 pulse/rev,那么就应把指令脉冲电子齿轮的分—倍频值设置为 10000/6000。从而实现 PLC 每输出 6000 个脉冲,伺服电机旋转一周,驱动机械手恰好移动 60 mm 的整数倍关系。接线如图 2.5.11 所示。

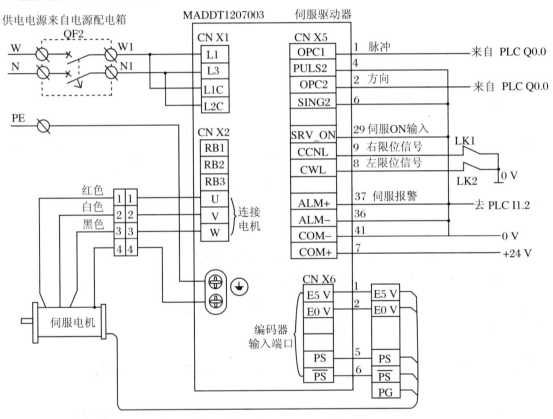

图 2.5.11　伺服驱动器电气接线图

MADDT1207003 伺服驱动器面板上有多个接线端口,其中:

X1:电源输入接口,AC 220 V 电源连接到 L1、L3 主电源端子,同时连接到控制电源端子 L1C、L2C 上。

X2:电机接口和外置再生放电电阻器接口。U、V、W 端子用于连接电机。必须注意,电源电压务必按照驱动器铭牌上的指示,电机接线端子(U、V、W)不可以接地或短路,交流伺服电机的旋转方向不像感应电动机可以通过交换三相相序来改变,必须保证驱动器上的 U、

V、W、E 接线端子与电机主回路接线端子按规定的次序一一对应,否则可能造成驱动器的损坏。电机的接线端子和驱动器的接地端子以及滤波器的接地端子必须保证可靠地连接到同一个接地点上。机身也必须接地。RB1、RB2、RB3 端子是外接放电电阻,MADDT1207003 的规格为 100 Ω/10 W,YL-335B 没有使用外接放电电阻。

X5:I/O 控制信号端口,其部分引脚信号定义与选择的控制模式有关,不同模式下的接线请参考《松下 A 系列伺服电机手册》。在 YL-335B 输送单元中,伺服电机用于定位控制,选用位置控制模式。所采用的是简化接线方式,如图 2.5.11 所示。

X6:连接到电机编码器信号接口,连接电缆应选用带有屏蔽层的双绞电缆,屏蔽层应接到电机侧的接地端子上,并且应确保将编码器电缆屏蔽层连接到插头的外壳(FG)上。

松下的伺服驱动器有七种控制运行方式,即位置控制、速度控制、转矩控制、位置/速度控制、位置/转矩、速度/转矩、全闭环控制。位置控制方式就是输入脉冲串来使电机定位运行,电机转速与脉冲串频率相关,电机转动的角度与脉冲个数相关;速度方式有两种,一是通过输入直流 −10～+10 V 指令电压调速,二是选用驱动器内设置的内部速度来调速;转矩方式是通过输入直流 −10～+10 V 指令电压调节电机的输出转矩,这种方式下运行必须要进行速度限制,有如下两种方法:(1) 设置驱动器内的参数来限制;(2) 输入模拟量电压限速。

在 YL-335B 上,伺服驱动装置工作于位置控制模式,S7-226 的 Q0.0 输出脉冲作为伺服驱动器的位置指令,脉冲的数量决定伺服电机的旋转位移,即机械手的直线位移,脉冲的频率决定了伺服电机的旋转速度,即机械手的运动速度,S7-226 的 Q0.1 输出脉冲作为伺服驱动器的方向指令。若对控制要求较为简单,伺服驱动器可采用自动增益调整模式。根据上述要求,伺服驱动器参数设置如表 2.5.1 所示。

表 2.5.1 伺服驱动器参数设置

序号	参数		设置数值	功能和含义
	参数编号	参数名称		
1	Pr01	LED 初始状态	1	显示电机转速
2	Pr02	控制模式	0	位置控制(相关代码 P)
3	Pr04	形成限位禁止输入无效设置	2	当左或右限位动作,则会发生 Err38 行程限位禁止输入信号出错报警;设置此参数值必须在控制电源断电重启之后才能修改、写入成功
4	Pr20	惯量比	1678	该值自动调整得到,具体请参 AC
5	Pr21	实时自动增益设置	1	实时自动调整为常规模式,运行时负载惯量的变化情况很小
6	Pr22	实时自动增益的机械刚性选择	1	此参数值得很大,响应越快
7	Pr41	指令脉冲旋转方向设置	1	指令脉冲 + 指令方向;设置此参数值必须在控制电源断电重启之后才能修改、写入成功
8	Pr42	指令脉冲输入方式	3	指令脉冲 + 指令方向 PULS SIGN

序号	参数		设置数值	功能和含义
	参数编号	参数名称		
9	Pr48	指令脉冲分倍频第1分子	10000	每转所需指令脉冲数 = 编码器分辨率 × $\dfrac{Pr4B}{Pr48 \times 2^{Pr4A}}$，现编码器分辨率为 10000(2500p/r ×4)，参数设置如表 2.5.1，则每转所需指令脉冲数 $= 10000 \times \dfrac{Pr4B}{Pr48 \times 2^{Pr4A}}$ $= 10000 \times \dfrac{5000}{10000 \times 2^0} = 5000$
10	Pr49	指令脉冲分倍频第2分子	0	
11	Pr4A	指令脉冲分倍频分子倍率	0	
12	Pr4B	指令脉冲分倍频分母	6000	

注：其他参数的说明及设置请参看松下 MINAS A5 系列伺服电机、驱动器使用说明书。

5.2.3　输送单元 PLC 控制

输送单元所需的 I/O 点较多。其中，输入信号包括来自按钮/指示灯模块的按钮、开关等主令信号，各构件的传感器信号等；输出信号包括输出到抓取机械手装置各电磁阀的控制信号和输出到伺服电机驱动器的脉冲信号和驱动方向信号；此外尚需考虑在需要时输出信号到按钮/指示灯模块的指示灯，以显示本单元或系统的工作状态。

由于需要输出驱动伺服电机的高速脉冲，PLC 应采用晶体管输出型。

基于上述考虑，选用西门子 S7-200-226 CN DC/DC/DC 型 PLC，共 24 点输入、16 点晶体管输出。表 2.5.2 给出了 PLC 的 I/O 信号表，I/O 接线原理如图 2.5.12 所示。

表 2.5.2　输送单元 PLC 的 I/O 信号表

输 入 信 号				输 出 信 号			
序号	PLC 输入点	信号名称	信号来源	序号	PLC 输出点	信号名称	信号来源
1	I0.0	原点传感器检测	装置侧	1	Q0.0	脉冲	装置侧
2	I0.1	右限位保护		2	Q0.1	方向	
3	I0.2	左限位保护		3	Q0.2		
4	I0.3	机械手抬升下限检测		4	Q0.3	抬升台上升电磁阀	
5	I0.4	机械手抬升上限检测	装置侧	5	Q0.4	回转气缸左旋电磁阀	
6	I0.5	机械手旋转左限检测		6	Q0.5	回转气缸右旋电磁阀	
7	I0.6	机械手旋转右限检测		7	Q0.6	手爪伸出电磁阀	装置侧
8	I0.7	机械手伸出检测		8	Q0.7	手爪夹紧电磁阀	
9	I1.0	机械手缩回检测		9	Q1.0	手爪放松电磁阀	
10	I1.1	机械手夹紧检测		10	Q1.1		
11	I1.2	伺服报警		11	Q1.2		

续表

输入信号				输出信号			
序号	PLC 输入点	信号名称	信号来源	序号	PLC 输出点	信号名称	信号来源
12	I1.3			12	Q1.3		
13	I1.4			13	Q1.4		
14	I1.5			14	Q1.5	报警指示	
15	I1.6			15	Q1.6	运行指示	按钮/指示灯模块
16	I1.7			16	Q1.7	终止指示	
17	I2.0						
18	I2.1						
19	I2.2						
20	I2.3						
21	I2.4	启动按钮					
22	I2.5	复位按钮	按钮/指示灯模块				
23	I2.6	急停按钮					
24	I2.7	方式选择					

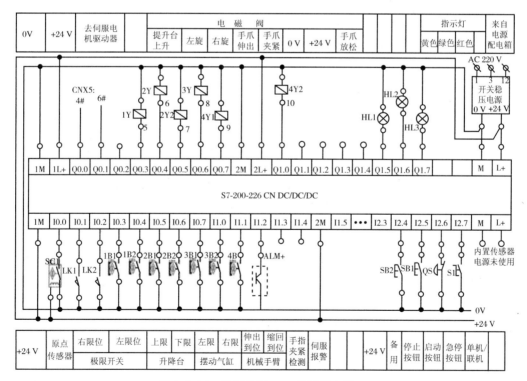

图 2.5.12　输送单元 PLC 接线原理图

在图 2.5.12 中，左右两极限开关 LK2 和 LK1 的动合触点分别连接到 PLC 输入点 I0.2 和 I0.1。必须注意的是，LK2、LK1 均提供一对转换触点，它们的静触点应连接到公共点

COM,而动断触点必须连接到伺服驱动器的控制端口 CNX5 的 CCWL(9 脚)和 CWL(8 脚)作为硬联锁保护(见图 2.5.11),目的是防范由于程序错误引起冲极限故障而造成设备损坏。接线时请注意。

5.2.4　程序编制

从前面所述的传送工件功能测试任务可以看出,整个功能测试过程应包括上电后复位、传送功能测试、紧急停止处理和状态指示等部分,传送功能测试是一个步进顺序控制过程。在子程序中可采用步进指令驱动实现。

紧急停止处理过程也要编写一个子程序单独处理。这是因为,当抓取机械手装置正在向某一目标点移动时按下急停按钮,PTOx_CTRL 子程序的 D_STOP 输入端变成高位,停止启用 PTO,PTOx_RUN 子程序使能位 OFF 而终止,使抓取机械手装置停止运动。急停复位后,原来运行的包络已经终止,为了使机械手继续往目标点移动,可让它首先返回原点,然后运行从原点到原目标点的包络。这样当急停复位后,程序不能马上回到原来的顺控过程,而是要经过使机械手装置返回原点的一个过渡过程。

输送单元程序控制的关键点是伺服电机的定位控制,在编写程序时,应预先规划好各段的包络,然后借助位置控制向导组态 PTO 输出。表 2.5.3 的伺服电机运行的运动包络数据是根据按工作任务的要求和各工作单元的位置确定的。表 2.5.3 中的包络 5 和包络 6 是用于急停复位,经急停处理返回原点后重新运行的运动包络。

表 2.5.3　伺服电机运行的运动包络

运动包络	站点		脉冲量	移动方向
0	低速回零		单速返回	DIR
1	供料站→加工站	430 mm	43000	
2	加工站→装配站	350 mm	35000	
3	装配站→分拣站	260 mm	26000	
4	分拣站→高速回零前	900 mm	90000	DIR
5	供料站→装配站	780 mm	78000	
6	供料站→分拣站	1040 mm	104000	

前面已经指出,当运动包络编写完成后,位置控制向导会要求为运动包络指定 V 存储区地址,为了与后面项目 6"YL-335B 的整体控制"的工作任务相适应,V 存储区地址的起始地址指定为 VB524。

综上所述,主程序应包括上电初始化、复位过程(子程序)、准备就绪后投入运行等阶段,主程序清单如图 2.5.13 所示。

1. 初态检查复位子程序和回原点子程序

系统上电且按下复位按钮后,就调用初态检查复位子程序,进入初始状态检查和复位操作阶段,目标是确定系统是否准备就绪,若未准备就绪,则系统不能启动进入运行状态。

该子程序的内容是检查各气动执行元件是否处在初始位置,抓取机械手装置是否在原

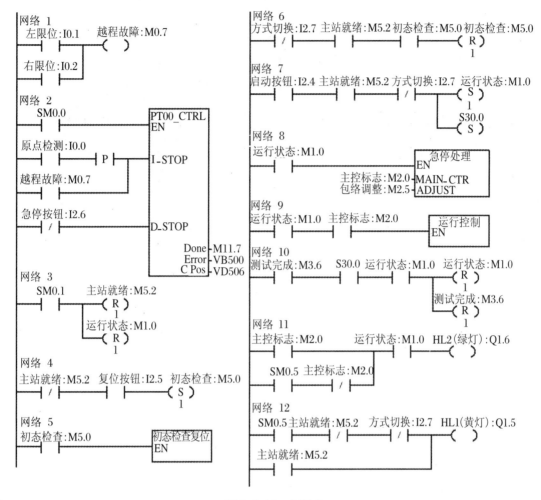

图 2.5.13　主程序

点位置,否则进行相应的复位操作,直至准备就绪。在子程序中,除调用回原点子程序外,主要是完成简单的逻辑运算,这里就不再详述了。

　　抓取机械手装置返回原点的操作,在输送单元的整个工作过程中,都会频繁地进行。因此编写一个子程序供需要时调用是必要的。回原点子程序是一个带形式参数的子程序,在其局部变量表中定义了一个 BOOL 输入参数 START,当使能输入(EN)和 START 输入为 ON 时,启动子程序调用,如图 2.5.14(a)所示。子程序的梯形图如图 2.5.14(b)所示,当 START(即局部变量 L0.0)ON 时,置位 PLC 的方向控制输出 Q0.0,并且这一操作放在 PTO0_RUN 指令之后,这就确保了方向控制输出的下一个扫描周期才开始脉冲输出。

　　带形式参数的子程序是西门子系列 PLC 的优异功能之一,输送单元程序中好几个子程序均使用了这种编程方法。关于带参数调用子程序的详细介绍,请参阅 S7-200 可编程控制器系统手册。

2. 急停处理子程序

　　当系统进入运行状态后,在每一扫描周期都调用急停处理子程序。该子程序也带形式参数,在其局部变量表中定义了两个 BOOL 型的输入/输出参数 ADJUST 和 MAIN_CTR,参数 MAIN_CTR 传递给全局变量主控标志 M2.0,并由 M2.0 当前状态维持,此变量的状

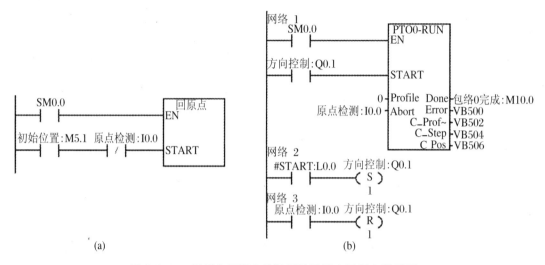

(a)   (b)

图 2.5.14　回原点子程序的调用及回原点子程序梯形图

态决定了系统在运行状态下能否执行正常的传送功能测试过程。参数 ADJUST 传递给全局变量包络调整标志 M2.5,并由 M2.5 当前状态维持,此变量的状态决定了系统在移动机械手的工序中,是否需要调整运动包络号。

急停处理子程序梯形图如图 2.5.15 所示,说明如下:

(1) 当急停按钮被按下时,MAIN_CTR 置 0,M2.0 置 0,传送功能测试过程停止。

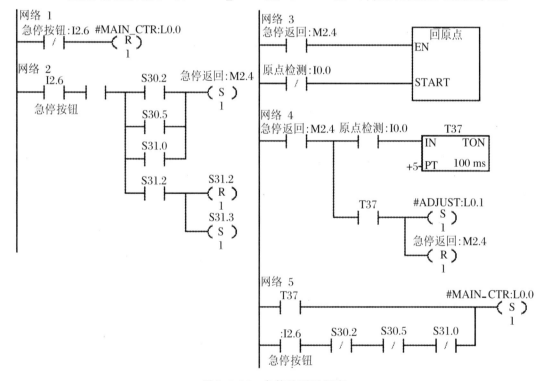

图 2.5.15　急停处理子程序

(2) 若急停前抓取机械手正在前进中(从供料往加工,或从加工往装配,或从装配往分拣),则当急停复位的上升沿到来时,需要启动使机械手低速回原点过程。到达原点后,置位

ADJUST 输出,传递给包络调整标志 M2.5,以便在传送功能测试过程重新运行后,给处于前进工步的过程调整包络用,例如,对于从加工到装配的过程,急停复位重新运行后,将执行从原点(供料单元处)到装配的包络。

(3)若急停前抓取机械手正在高速返回中,则当急停复位的上升沿到来时,使高速返回步复位,转到下一步即摆台右转和低速返回。

传送功能测试子程序的结构:传送功能测试过程是一个单序列的步进顺序控制。在运行状态下,若主控标志 M2.0 为 ON,则调用该子程序。步进顺序控制过程的流程说明如图 2.5.16 所示。

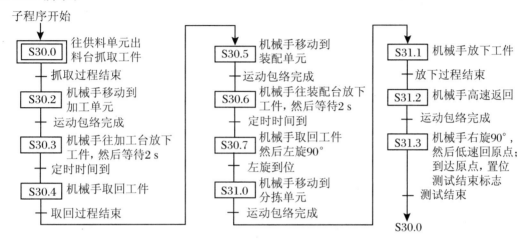

图 2.5.16 步进顺序控制过程的流程说明

5.2.5 调试与运行

(1)调整气动部分,检查气路是否正确,气压是否合理,气缸的动作速度是否合理。

(2)检查磁性开关的安装位置是否到位,磁性开关工作是否正常。

(3)检查 I/O 接线是否正确。

(4)检查传感器安装是否合理,灵敏度是否合适,保证检测的可靠性。

(5)放入工件,运行程序看输送单元动作是否满足任务要求。

(6)优化程序。

项目 6　自动化生产线的总体安装与调试

项目描述

　　YL-335B 系统的控制方式采用每一工作单元由一台 PLC 承担其控制任务,各 PLC 之间通过 RS-485 串行通信实现互联的分布式控制方式。组建成网络后,系统中每一个工作单元也称作工作站。

　　自动生产线的工作目标是将供料单元料仓内的工件送往加工单元的物料台,加工完成后,把加工好的工件送往装配单元的装配台,然后把装配单元料仓内的白色和黑色两种不同颜色的小圆柱零件嵌入到装配台上的工件中,完成装配后的成品送往分拣单元分拣输出。已完成加工和装配工作的工件如图 2.6.1 所示。

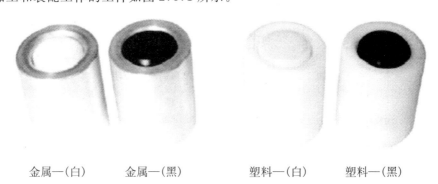

金属—(白)　　　金属—(黑)　　　塑料—(白)　　　塑料—(黑)

图 2.6.1　已完成加工和装配工作的工件

需要完成的工作任务如下:

1. 自动生产线设备部件安装

　　完成 YL-335B 自动生产线的供料、加工、装配、分拣单元和输送单元的部件装配工作,并把这些工作单元安装在 YL-335B 的工作桌面上。

　　各工作单元装置部件的装配要求如下:

　　(1) 供料、加工和装配等工作单元的装配工作已经完成。

　　(2) 完成分拣单元装置侧的安装和调整以及工作单元在工作台面上定位,装配的效果要满足要求。

　　(3) 输送单元的直线导轨和底板组件已装配好,需要将该组件安装在工作台上,并完成其余部件的装配,直至完成整个工作单元的装置侧安装和调整。

2. 气路连接及调整

　　(1) 按照前面所介绍的分拣和输送单元气动系统图完成气路连接。

　　(2) 接通气源后检查各工作单元气缸初始位置是否符合要求,如不符合,需要适当调整。

（3）完成气路调整，确保各气缸运行顺畅和平稳。

3．电路设计和电路连接

根据生产线的运行要求完成分拣和输送单元电路设计和电路连接。

（1）设计分拣单元的电气控制电路，并根据所设计的电路图连接电路。电路图应包括 PLC 的 I/O 端子分配和变频器主电路及控制电路。电路连接完成后应根据运行要求设定变频器有关参数，并现场测试旋转编码器的脉冲当量（测试 3 次取平均值，有效数字为小数点后 3 位），上述参数应记录在所提供的电路图上。

（2）设计输送单元的电气控制电路，并根据所设计的电路图连接电路；电路图应包括 PLC 的 I/O 端子分配、伺服电机及其驱动器控制电路。电路连接完成后应根据运行要求设定伺服电机驱动器有关参数，参数应记录在所提供的电路图上。

4．各站 PLC 网络连接

系统的控制方式应采用 PPI 协议通信的分布式网络控制，并指定输送单元作为系统主站。系统主令工作信号由触摸屏人机界面提供，但系统紧急停止信号由输送单元的按钮/指示灯模块的急停按钮提供。安装在工作桌面上的警示灯应能显示整个系统的主要工作状态，例如复位、启动、停止、报警等。

5．连接触摸屏并组态用户界面

触摸屏应连接到系统中主站的 PLC 编程口。在 TPC7062K 人机界面上组态画面要求：用户窗口包括欢迎画面和主画面两个窗口，其中，欢迎画面是启动界面，触摸屏上电后运行，屏幕上方的标题文字向右循环移动。

当触摸欢迎界面上任意部位时，都将切换到主界面。主界面组态应具有下列功能：

（1）提供系统工作方式（单站/全线）选择信号和系统复位、启动和停止信号。

（2）在人机界面上设定分拣单元变频器的输入运行频率（40～50 Hz）。

（3）在人机界面上动态显示输送单元机械手装置当前位置（以原点位置为参考点，度量单位为 mm）。

（4）指示网络的运行状态（正常、故障）。

（5）指示各工作单元的运行、故障状态。其中故障状态包括：

① 供料单元的供料不足状态和缺料状态。

② 装配单元的供料不足状态和缺料状态。

③ 输送单元抓取机械手装置越程故障（左或右极限开关动作）。

（6）指示全线运行时系统的紧急停止状态。

欢迎画面和主画面分别如图 2.6.2 和图 2.6.3 所示。

6．程序编制及调试

系统的工作模式分为单站工作模式和全线运行模式。

从单站工作模式切换到全线运行模式的条件是：各工作站均处于停止状态，各站的按钮/指示灯模块上的工作方式选择开关置于全线模式，此时若人机界面中选择开关切换到全线运行模式，系统进入全线运行状态。

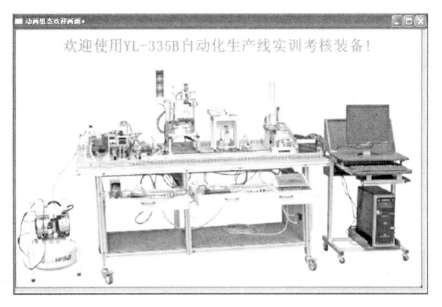

图 2.6.2　欢迎画面

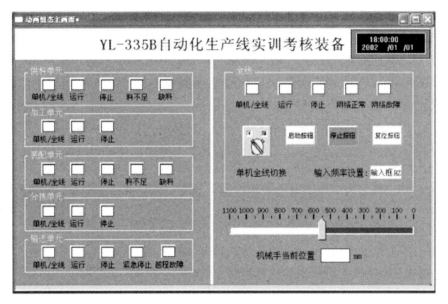

图 2.6.3　主画面

项目任务

（1）规划 PLC 各站，连接通信数据线，构件 PPI 网络。

（2）进行全站控制组态，能通过触摸屏进行全线控制及监视。

项目内容

6.1 全线运行各工作单元要求

6.1.1 各单元工作要求

要从全线运行模式切换到单站工作模式,仅限当前工作周期完成后人机界面中选择开关切换到单站运行模式才有效。

在全线运行模式下,各工作站仅通过网络接受来自人机界面的主令信号,除主站急停按钮外,所有本站主令信号无效。

单站运行模式测试如下:

在单站运行模式下,各单元工作的主令信号和工作状态显示信号来自其 PLC 旁边的按钮/指示灯模块。并且,按钮/指示灯模块上的工作方式选择开关 SA 应置于"单站方式"位置。各站的具体控制要求为:

1. 供料站单站运行工作要求

(1) 设备上电和气源接通后,若工作单元的两个气缸满足初始位置要求,且料仓内有足够的待加工工件,则"正常工作"指示灯 HL1 常亮,表示设备准备好。否则,该指示灯以 1 Hz 频率闪烁。

(2) 若设备准备好,按下启动按钮,工作单元启动,"设备运行"指示灯 HL2 常亮。启动后,若出料台上没有工件,则应把工件推到出料台上。出料台上的工件被人工取出后,若没有停止信号,则进行下一次推出工件操作。

(3) 若在运行中按下停止按钮,则在完成本工作周期任务后,各工作单元停止工作,HL2 指示灯熄灭。

(4) 若在运行中料仓内工件不足,则工作单元继续工作,但"正常工作"指示灯 HL1 以 1 Hz 的频率闪烁,"设备运行"指示灯 HL2 保持常亮。若料仓内没有工件,则 HL1 指示灯和 HL2 指示灯均以 2 Hz 频率闪烁。工作站在完成本周期任务后停止。除非向料仓补充足够的工件,工作站不能再启动。

2. 加工站单站运行工作要求

(1) 上电和气源接通后,若各气缸满足初始位置要求,则"正常工作"指示灯 HL1 常亮,表示设备准备好。否则,该指示灯以 1 Hz 频率闪烁。

(2) 若设备准备好,按下启动按钮,设备启动,"设备运行"指示灯 HL2 常亮。当待加工工件送到加工台上并被检出后,设备执行将工件夹紧,送往加工区域冲压,完成冲压动作后返回待料位置的工件加工工序。如果没有停止信号输入,当再有待加工工件送到加工台上时,加工单元又开始下一周期工作。

(3) 在工作过程中,若按下停止按钮,加工单元在完成本周期的动作后停止工作。HL2

指示灯熄灭。

（4）当待加工工件被检出而加工过程开始后，如果按下急停按钮，本单元所有机构应立即停止运行，HL2 指示灯以 1 Hz 频率闪烁。急停按钮复位后，设备从急停前的断点开始继续运行。

3. 装配站单站运行工作要求

（1）设备上电和气源接通后，若各气缸满足初始位置要求，料仓上已经有足够的小圆柱零件；工件装配台上没有待装配工件。则"正常工作"指示灯 HL1 常亮，表示设备准备好。否则，该指示灯以 1 Hz 频率闪烁。

（2）若设备准备好，按下启动按钮，装配单元启动，"设备运行"指示灯 HL2 常亮。如果回转台上的左料盘内没有小圆柱零件，就执行下料操作；如果左料盘内有零件，而右料盘内没有零件，执行回转台回转操作。

（3）如果回转台上的右料盘内有小圆柱零件且装配台上有待装配工件，执行装配机械手抓取小圆柱零件，放入待装配工件中的控制。

（4）完成装配任务后，装配机械手应返回初始位置，等待下一次装配。

（5）若在运行过程中按下停止按钮，则供料机构应立即停止供料，在装配条件满足的情况下，装配单元在完成本次装配后停止工作。

（6）在运行中发生"零件不足"报警时，指示灯 HL3 以 1 Hz 的频率闪烁，HL1 和 HL2 灯常亮；在运行中发生"零件没有"报警时，指示灯 HL3 以亮 1 s，灭 0.5 s 的方式闪烁，HL2 熄灭，HL1 常亮。

4. 分拣站单站运行工作要求

（1）初始状态：设备上电和气源接通后，若工作单元的三个气缸满足初始位置要求，则"正常工作"指示灯 HL1 常亮，表示设备准备好。否则，该指示灯以 1 Hz 频率闪烁。

（2）若设备准备好，按下启动按钮，系统启动，"设备运行"指示灯 HL2 常亮。当传送带入料口人工放下已装配的工件时，变频器即启动，驱动传动电动机以频率为 30 Hz 的速度，把工件带往分拣区。

（3）如果金属工件上的小圆柱工件为白色，则该工件对到达 1 号滑槽中间，传送带停止，工件对被推到 1 号槽中；如果塑料工件上的小圆柱工件为白色，则该工件对到达 2 号滑槽中间，传送带停止，工件对被推到 2 号槽中；如果工件上的小圆柱工件为黑色，则该工件对到达 3 号滑槽中间，传送带停止，工件对被推到 3 号槽中。工件被推出滑槽后，该工作单元的一个工作周期结束。仅当工件被推出滑槽后，才能再次向传送带下料。

如果在运行期间按下停止按钮，该工作单元在本工作周期结束后停止运行。

5. 输送站单站运行工作要求

单站运行的目标是测试设备传送工件的功能。要求其他各工作单元已经就位，并且在供料单元的出料台上放置了工件。具体测试过程要求如下：

（1）输送单元在通电后，按下复位按钮 SB1，执行复位操作，使抓取机械手装置回到原点位置。在复位过程中，"正常工作"指示灯 HL1 以 1 Hz 的频率闪烁。

当抓取机械手装置回到原点位置，且输送单元各个气缸满足初始位置的要求，则复位完成，"正常工作"指示灯 HL1 常亮。按下启动按钮 SB2，设备启动，"设备运行"指示灯 HL2 也常亮，开始功能测试过程。

（2）抓取机械手装置从供料站出料台抓取工件，抓取的顺序是：手臂伸出→手爪夹紧抓取工件→提升台上升→手臂缩回。

（3）抓取动作完成后，伺服电机驱动机械手装置向加工站移动，移动速度不小于 300 mm/s。

（4）机械手装置移动到加工站物料台的正前方后，即把工件放到加工站物料台上。抓取机械手装置在加工站放下工件的顺序是：手臂伸出→提升台下降→手爪松开放下工件→手臂缩回。

（5）放下工件动作完成 2 s 后，抓取机械手装置执行抓取加工站工件的操作。抓取的顺序与供料站抓取工件的顺序相同。

（6）抓取动作完成后，伺服电机驱动机械手装置移动到装配站物料台的正前方。然后把工件放到装配站物料台上。其动作顺序与加工站放下工件的顺序相同。

（7）放下工件动作完成 2 s 后，抓取机械手装置执行抓取装配站工件的操作。抓取的顺序与供料站抓取工件的顺序相同。

（8）机械手手臂缩回后，摆台逆时针旋转 90°，伺服电机驱动机械手装置从装配站向分拣站运送工件，到达分拣站传送带上方入料口后把工件放下，动作顺序与加工站放下工件的顺序相同。

（9）放下工件动作完成后，机械手手臂缩回，然后执行返回原点的操作。伺服电机驱动机械手装置以 400 mm/s 的速度返回，返回 900 mm 后，摆台顺时针旋转 90°，然后以 100 mm/s 的低速返回原点停止。

当抓取机械手装置返回原点后，一个测试周期结束。当供料单元的出料台上放置了工件时，再按一次启动按钮 SB2，开始新一轮的测试。

6.1.2　系统正常的全线运行模式测试

全线运行模式下各工作站部件的工作顺序以及对输送站机械手装置运行速度的要求，与单站运行模式一致。全线运行步骤如下：

系统在上电，PPI 网络正常后开始工作。触摸人机界面上的复位按钮，执行复位操作，在复位过程中，绿色警示灯以 2 Hz 的频率闪烁。红色和黄色灯均熄灭。复位过程包括：使输送站机械手装置回到原点位置和检查各工作站是否处于初始状态。

1. 各工作站初始状态

各工作单元气动执行元件均处于初始位置，供料单元料仓内有足够的待加工工件，装配单元料仓内有足够的小圆柱零件。输送站的紧急停止按钮未按下。

当输送站机械手装置回到原点位置，且各工作站均处于初始状态，则复位完成，绿色警示灯常亮，表示允许启动系统。这时若触摸人机界面上的启动按钮，系统启动，绿色和黄色警示灯均常亮。

（1）供料站的运行。

系统启动后，若供料站的出料台上没有工件，则应把工件推到出料台上，并向系统发出出料台上有工件信号。若供料站的料仓内没有工件或工件不足，则向系统发出报警或预警信号。出料台上的工件被输送站机械手取出后，若系统仍然需要推出工件进行加工，则进行下一次推出工件操作。

（2）输送站运行 1。

当工件推到供料站出料台后,输送站抓取机械手装置应执行抓取供料站工件的操作。动作完成后,伺服电机驱动机械手装置移动到加工站加工物料台的正前方,把工件放到加工站的加工台上。

（3）加工站运行。

加工站加工台的工件被检出后,执行加工过程。当加工好的工件重新送回待料位置时,向系统发出冲压加工完成信号。

（4）输送站运行 2。

系统接收到加工完成信号后,输送站机械手应执行抓取已加工工件的操作。抓取动作完成后,伺服电机驱动机械手装置移动到装配站物料台的正前方,然后把工件放到装配站物料台上。

（5）装配站运行。

装配站物料台的传感器检测到工件到来后,开始执行装配过程。装入动作完成后,向系统发出装配完成信号。

如果装配站的料仓或料槽内没有小圆柱工件或工件不足,应向系统发出报警或预警信号。

（6）输送站运行 3。

系统接收到装配完成信号后,输送站机械手应抓取已装配的工件,然后从装配站向分拣站运送工件,到达分拣站传送带上方入料口后把工件放下,然后执行返回原点的操作。

（7）分拣站运行。

输送站机械手装置放下工件、缩回到位后,分拣站的变频器即启动,驱动传动电动机以80%最高运行频率(由人机界面指定)的速度,把工件带入分拣区进行分拣,工件分拣原则与单站运行相同。当分拣气缸活塞杆推出工件并返回后,应向系统发出分拣完成信号。

（8）仅当分拣站分拣工作完成,并且输送站机械手装置回到原点,系统的一个工作周期才认为结束。如果在工作周期期间没有触摸过停止按钮,系统在延时 1 s 后开始下一周期工作。如果在工作周期期间曾经触摸过停止按钮,系统工作结束,警示灯中黄色灯熄灭,绿色灯仍保持常亮。系统工作结束后若再按下启动按钮,则系统又重新工作。

2．异常工作状态测试

（1）工件供给状态的信号警示。

如果发生来自供料站或装配站的"工件不足够"的预报警信号或"工件没有"的报警信号,则系统动作如下:

① 如果发生"工件不足够"的预报警信号警示灯中红色灯以 1 Hz 的频率闪烁,绿色和黄色灯保持常亮。系统继续工作。

② 如果发生"工件没有"的报警信号,警示灯中红色灯以亮 1 s,灭 0.5 s 的方式闪烁;黄色灯熄灭,绿色灯保持常亮。

若"工件没有"的报警信号来自供料站,且供料站物料台上已推出工件,系统继续运行,直至完成该工作周期尚未完成的工作。当该工作周期工作结束,系统将停止工作,除非"工件没有"的报警信号消失,系统不能再启动。

若"工件没有"的报警信号来自装配站,且装配站回转台上已落下小圆柱工件,系统继续运行,直至完成该工作周期尚未完成的工作。当该工作周期工作结束,系统将停止工作,除非"工件没有"的报警信号消失,系统不能再启动。

(2) 急停与复位。

系统工作过程中按下输送站的急停按钮,则输送站立即停车。在急停复位后,应从急停前的断点开始继续运行。但若急停按钮按下时,机械手装置正在向某一目标点移动,则急停复位后输送站机械手装置应首先返回原点位置,然后再向原目标点运动。

6.2　全线运行的实现

6.2.1　触摸屏组态

根据工作任务,对工程分析并规划如下:

(1) 工程框架有2个用户窗口,即欢迎画面和主画面,其中欢迎画面是启动界面;并且1个策略为循环策略。

(2) 数据对象包括各工作站以及全线的工作状态指示灯、单机全线切换旋钮、启动、停止、复位按钮、变频器输入频率设定、机械手当前位置等。

(3) 图形制作包括如下内容:

欢迎画面窗口:① 图片是通过位图装载实现的;② 文字是通过标签实现的;③ 按钮是由对象元件库引入的。

主画面窗口:① 文字是通过标签构件实现的;② 各工作站以及全线的工作状态指示灯、时钟是由对象元件库引入的;③ 单机全线切换旋钮以及启动、停止、复位按钮是由对象元件库引入的;④ 输入频率设置是通过输入框构件实现的;⑤ 机械手当前位置是通过标签构件和滑动输入器实现的。

(4) 流程控制是通过循环策略中的脚本程序策略块实现的。进行上述规划后,就可以创建工程,然后进行组态。步骤:在"用户窗口"中单击"新建窗口"按钮,建立"窗口0"、"窗口1",然后分别设置两个窗口的属性。

1. 欢迎画面组态

(1) 建立欢迎画面。

选中"窗口0",单击"窗口属性",进入用户窗口属性设置,包括:

① 窗口名称改为"欢迎画面"。

② 窗口标题改为"欢迎画面"。

③ 在"用户窗口"中,选中"欢迎",点击右键,选择下拉菜单中的"设置为启动窗口"选项,将该窗口设置为运行时自动加载的窗口。

(2) 编辑欢迎画面。

选中"欢迎画面"窗口图标,单击"动画组态",进入动画组态窗口开始编辑画面。

① 装载位图。

选择"工具箱"内的"位图"按钮 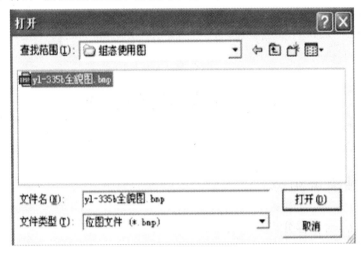,鼠标的光标呈"十"字形,在窗口左上角位置拖拽鼠标,拉出一个矩形,使其填充整个窗口。

在位图上单击右键,选择"装载位图",找到要装载的位图,点击选择该位图,如图2.6.4所示,然后点击"打开"按钮,则该图片装载到了窗口。

图 2.6.4　主屏使用图

② 制作按钮。

单击绘图工具箱中 ⌐ 图标,在窗口中拖出一个大小合适的按钮,双击按钮,出现如图2.6.5的属性设置窗口。在可见度属性页中点选"按钮不可见";在操作属性页中单击"按下功能","打开用户窗口"的时候选择主画面,并使数据对象"HMI就绪"的值置1。

 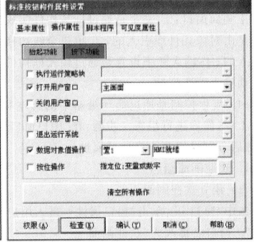

(a) 基本属性页　　　　　　　　　　　(b) 操作属性页

图 2.6.5　主屏按钮设置

③ 制作循环移动的文字框图。

a）选择"工具箱"内的"标签"按钮 **A**，拖拽到窗口上方中心位置，根据需要拉出一个大小适合的矩形。在鼠标光标闪烁位置输入文字"欢迎使用 YL-335B 自动化生产线实训考核装备！"，按回车键或在窗口任意位置用鼠标点击一下，完成文字输入。

b）静态属性设置如下："文字框的背景颜色"设为"没有填充"；"文字框的边线颜色"设为"没有边线"；"字符颜色"设为"艳粉色"；"文字字体"设为"华文细黑"，"字形"设为"粗体"，"大小"设为"二号"。

c）为了使文字循环移动，在"位置动画连接"中勾选"水平移动"，这时在对话框上端就增添"水平移动"窗口标签。水平移动属性页的设置如图 2.6.6 所示。

图 2.6.6　水平移动属性设置

设置说明如下：

a）为了实现"水平移动"动画连接，首先要确定对应连接对象的表达式，然后再定义表达式的值所对应的位置偏移量。在图 2.6.6 中，定义一个内部数据对象"移动"作为表达式，它是一个与文字对象的位置偏移量成比例的增量值，当表达式"移动"的值为 0 时，文字对象的位置向右移动 0 点（即不动）；当表达式"移动"的值为 1 时，文字对象的位置向左移动 5 点（-5），这就是说"移动"变量与文字对象的位置之间关系是一个斜率为-5 的线性关系。

b）触摸屏图形对象所在的水平位置定义为：以左上角为坐标原点，单位为像素点，向左为负方向，向右为正方向。TPC7062KS 分辨率是 800×480，文字串"欢迎使用 YL-335B 自动化生产线实训考核装备！"向左全部移出的偏移量约为-700 像素，故表达式"移动"的值为+140。文字循环移动的策略是，如果文字串向左全部移出，则返回初始位置重新移动。

（3）组态"循环策略"的具体操作如下：

① 在"运行策略"中，双击"循环策略"进入策略组态窗口。

② 双击图标 进入"策略属性设置"，将循环时间设为 100 ms，按"确认"。

③ 在策略组态窗口中,单击工具条中的"新增策略行"  图标,增加一策略行,如图 2.6.7 所示。

图 2.6.7　增加策略行

④ 单击"策略工具箱"中的"脚本程序",将鼠标指针移到策略块图标   上,单击鼠标左键,添加脚本程序构件,如图 2.6.8 所示。

图 2.6.8　添加脚本程序构件

⑤ 双击 ▨ 进入策略条件设置,表达式中输入 1,即始终满足条件。

⑥ 双击 ▨ 进入脚本程序编辑环境,输入下面的程序:

```
if 移动<=140 then
移动=移动+1
else
移动=-140
end if
```

⑦ 单击"确认",脚本程序编写完毕。

2.主画面组态

(1)建立主画面。

① 选中"窗口 1",单击"窗口属性",进入用户窗口属性设置。

② 将窗口名称改为"主画面",窗口标题改为"主画面";在"窗口背景"中选择所需要的颜色。

(2)定义数据对象和连接设备。

① 定义数据对象。

各工作站以及全线的工作状态指示灯、单机全线切换旋钮、启动、停止、复位按钮、变频器输入频率设定、机械手当前位置等,都是需要与 PLC 连接、进行信息交换的数据对象。定义数据对象的步骤如下:

a) 单击工作台中的"实时数据库"窗口标签,进入实时数据库窗口页。

b) 单击"新增对象"按钮,在窗口的数据对象列表中,增加新的数据对象。

c) 选中对象,按"对象属性"按钮,或双击选中对象,则打开"数据对象属性设置"窗口。然后编辑属性,最后加以确定。表 2.6.1 列出了全部与 PLC 连接的数据对象。

表 2.6.1　数据对象

序号	对象名称	类型	序号	对象名称	类型
1	HMI 就绪	开关型	15	单机全线_供料	开关型
2	越程故障_输送	开关型	16	运行_供料	开关型
3	运行_输送	开关型	17	料不足_供料	开关型
4	单机全线_输送	开关型	18	缺料_供料	开关型
5	单机全线_全线	开关型	19	单机全线_加工	开关型
6	复位按钮_全线	开关型	20	运行_加工	开关型
7	停止按钮_全线	开关型	21	单机全线_装配	开关型
8	启动按钮_全线	开关型	22	运行_装配	开关型
9	单机全线切换_全线	开关型	23	料不足_装配	开关型
10	网络正常_全线	开关型	24	缺料_装配	开关型
11	网络故障_全线	开关型	25	单机全线_分拣	开关型
12	运行_全线	开关型	26	运行_分拣	开关型
13	急停_输送	开关型	27	手爪当前位置_输送	数值型
14	变频器频率_分拣	数值型			

② 设备连接。

使定义好的数据对象和 PLC 内部变量进行连接,步骤如下:

a) 打开"设备工具箱",在可选设备列表中,双击"通用串口父设备",然后双击"西门子_S7200PPI"。出现"通用串口父设备"、"西门子_S7200PPI"。

b) 设置通用串口父设备的基本属性,如图 2.6.9 所示。

c) 双击"西门子_S7200PPI",进入设备编辑窗口,按表 2.6.1 的数据,逐个"增加设备通道",如图 2.6.10 所示。

图 2.6.9　通用串口父设备基本属性设置

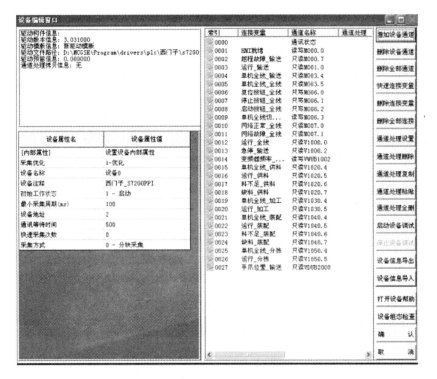

图 2.6.10　人机界面与 PLC 的连接变量的设备通道设置

（3）主画面制作和组态。

按如下步骤制作和组态主画面：

① 制作主画面的标题文字、插入时钟、在工具箱中选择直线构件，把标题文字下方的区域划分为如图 2.6.11 所示的两部分。区域左面制作各从站单元画面，右面制作主站输送单元画面。

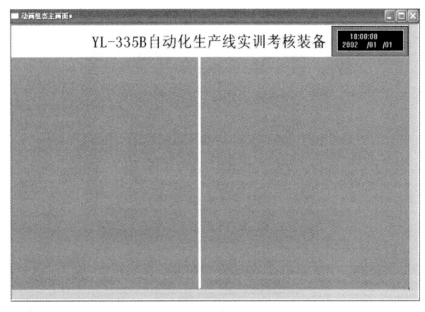

图 2.6.11　制作主画面的标题文字

② 制作各从站单元画面并组态。以供料单元组态为例,其画面如图 2.6.12 所示,图中还指出了各构件的名称。这些构件的制作和属性设置前面已有详细介绍,但"料不足"和"缺料"两状态指示灯有报警时闪烁功能的要求,下面通过制作供料站缺料报警指示灯着重介绍这一属性的设置方法。

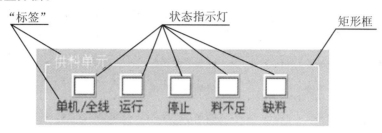

图 2.6.12　供料站画面

与其他指示灯组态不同的是:缺料报警分段点 1 设置的颜色是红色,并且还需组态闪烁功能。步骤是:在属性设置页的特殊动画连接框中勾选"闪烁效果","填充颜色"旁边就会出现"闪烁效果"页,如图 2.6.13 所示。点选"闪烁效果"页,"表达式"选择为"料不足_供料";在"闪烁实现方式"框中点选"用图元属性的变化实现闪烁","填充颜色"选择"黄色"。

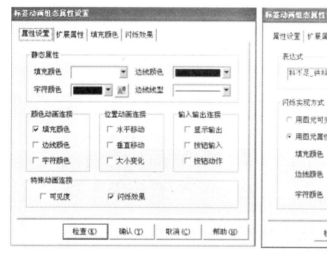 

图 2.6.13　报警指示灯设置

③ 制作主站输送单元画面。这里只着重说明滑动输入器的制作方法。步骤如下:

a) 选中"工具箱"中的滑动输入器 🔘 图标,当鼠标呈"十"字形后,拖动鼠标到适当大小。调整滑动块到适当的位置。

b) 双击滑动输入器构件,进入如图 2.6.14 的属性设置窗口。按照下面的值设置各个参数:

在"基本属性"页中,"滑块指向"设为"指向左(上)"。

在"刻度与标注属性"页中,"主划线数目"设为"11","次划线数目"设为"2","小数位数"设为"0"。

在"操作属性"页中,"对应数据对象名称"设为"手爪当前位置_输送";"滑块在最左(下)

边时对应的值"设为"1100"，"滑块在最右（上）边时对应的值"设为"0"。

其他为缺省值。

图 2.6.14　滑动输入器构件属性设置

c）单击"权限"按钮，进入用户权限设置对话框，选择管理员组，按"确认"按钮完成制作。图 2.6.15 是制作完成的效果图。

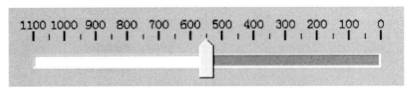

图 2.6.15　滑动输入器构件效果图

6.2.2　触摸屏控制的 PLC 程序设计

1. 通信方式及通信数据规划

YL-335B 是一个分布式控制的自动生产线，在设计它的整体控制程序时，应首先从它的系统性着手，通过组建网络规划通信数据，使系统组织起来；然后根据各工作单元的工艺任务，分别编制各工作站的控制程序。

PPI 协议是 S7-200 CPU 最基本的通信方式，通过原来自身的端口（PORT0 或 PORT1）就可以实现通信，是 S7-200 默认的通信方式。

PPI 是一种主—从协议通信，主—从站在一个令牌环网中，主站发送要求到从站器件，从站器件响应；从站器件不发信息，只是等待主站的要求并对要求做出响应。如果在用户程序中使能 PPI 主站模式,就可以在主站程序中使用网络读写指令来读写从站信息,而从站程序没有必要使用网络读写指令。

(1) 对网络上每一台 PLC,设置其系统块中的通信端口参数,对用作 PPI 通信的端口(PORT0 或 PORT1),指定其地址(站号)和波特率,设置后把系统块下载到该 PLC。具体操作如下:

运行个人电脑上的 STEP 7-Micro/MIN V4.0(SP5)程序,打开设置端口界面,如图 2.6.16 所示。利用 PPI/RS-485 编程电缆单独地把输送单元 CPU 系统块里设置端口 0 为 1 号站,波特率为 19.2 k 波特。同样方法设置供料单元 CPU 端口 0 为 2 号站,波特率为 19.2 k 波特;加工单元 CPU 端口 0 为 3 号站,波特率为 19.2 k 波特;装配单元 CPU 端口 0 为 4 号站,波特率为 19.2 k 波特;最后设置分拣单元 CPU 端口 0 为 5 号站,波特率为 19.2 k 波特,分别把系统块下载到相应的 CPU 中。

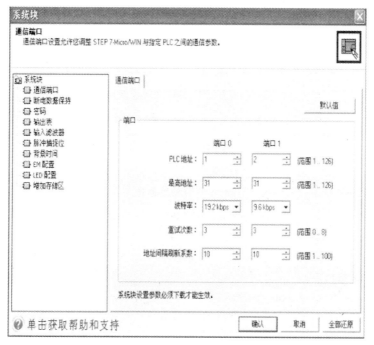

图 2.6.16　设置输送单元 PLC 端口 0 参数

(2) 利用网络接头和网络线把各台 PLC 中用作 PPI 通信的端口 0 连接,所使用的网络接头中,2♯ ~ 5♯ 站用的是标准网络连接器,1♯ 站用的是带编程接口的连接器。该编程口通过 RS-232/PPI 多主站电缆与个人计算机连接。然后利用 STEP 7-Micro/WIN V4.0 软件和 PPI/RS-485 编程电缆搜索出 PPI 网络的 5 个站,如图 2.6.17 所示。

图 2.6.17 表明,5 个站已经完成 PPI 网络连接。

(3) PPI 网络中主站(输送站)PLC 程序中,必须在上电第 1 个扫描周期,用特殊存储器 SMB30 指定其主站属性,从而使其能主站模式工作。SMB30 是 S7-200 PLC PORT0 自由通信口的控制字节,各位表达的意义如表 2.6.2 所示。

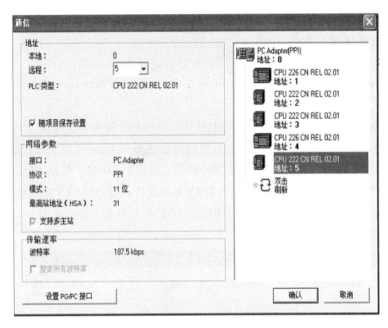

图 2.6.17　PPI 网络上的工作站

表 2.6.2　SMB30 各位表达的意义

Bit7	Bit6	Bit5	Bit4	Bit3	Bit2	Bit1	Bit0
p	p	d	b	b	b	m	m
pp:校验选择		d:每个字符的数据位			mm:协议选择		
00 = 不校验		0 = 8 位			00 = PPI/从站模式		
01 = 偶校验		1 = 7 位			01 = 自由口模式		
10 = 不校验					10 = PPI/主站模式		
11 = 奇校验					11 = 保留(未用)		
bbb:自由口波特率				（单位:波特）			
000 = 38400		011 = 4800			110 = 115.2k		
001 = 19200		100 = 2400			111 = 57.6k		
010 = 9600		101 = 1200					

在 PPI 模式下,控制字节的 2 到 7 位是忽略掉的,即 SMB30 = 00000010,定义 PPI 主站。SMB30 中协议选择缺省值是 00 = PPI 从站,因此,从站侧不需要初始化。

在 YL-335B 系统中,按钮及指示灯模块的按钮、开关信号连接到输送单元的 PLC(S7-226 CN)输入口,以提供系统的主令信号。因此,在网络中输送站是指定为主站的,其余各站均指定为从站。图 2.6.17 所示为 YL-335B 的 PPI 网络。

2．编写主站网络读写程序段

如前所述,在 PPI 网络中,只有主站程序中使用网络读写指令来读写从站信息。而从站程序没有必要使用网络读写指令。

在编写主站的网络读写程序前,应预先规划好下面数据:

(1) 主站向各从站发送数据的长度(字节数)。

（2）发送的数据位于主站何处。

（3）数据发送到从站的何处。

（4）主站从各从站接收数据的长度（字节数）。

（5）主站从从站的何处读取数据。

（6）接收到的数据放在主站何处。

以上数据，应根据系统工作要求，信息交换量等统一筹划。考虑 YL-335B 中，各工作站 PLC 所需交换的信息量不大，主站向各从站发送的数据只是主令信号，从从站读取的也只是各从站状态信息，发送和接收的数据均 1 个字（2 个字节）已经足够。作为例子，所规划的数据如表 2.6.3 所示。

表 2.6.3　网络读写数据规划表

输送单元 1#站（主站）	供料单元 2#站（从站）	加工单元 3#站（从站）	装配单元 4#站（从站）	分拣单元 5#站（从站）
发送数据的长度	2 B	2 B	2 B	2 B
从主站何处发送	VB1000	VB1000	VB1000	VB1000
发往从站何处	VB1000	VB1000	VB1000	VB1000
接收数据的长度	2 B	2 B	2 B	2 B
数据来自从站何处	VB1020	VB1030	VB1040	VB1050
数据存到主站何处	VB1020	VB1030	VB1040	VB1050

确定各站通信数据，进行数据读写由主站完成，全部数据如表 2.6.4～表 2.6.8 所示。

表 2.6.4　输送单元（1#站）数据位定义

输送单元位地址	数据意义	备注
V1000.0	联机运行信号	
V1000.2	急停信号	急停动作＝1
V1000.4		
V1000.5	全线复位	
V1000.6	系统就绪	
V1000.7	触摸屏全线/单机方式	1＝全线，0＝单机
V1001.2	允许供料信号	
V1001.3	允许加工信号	
V1001.5	允许分拣信号	
V1001.6	供料站物料不足	
V1001.7	供料站物料没有	
VD1002	变频器最高频率输入	

表 2.6.5　供料单元(2♯站)数据位定义

供料单元位地址	数据意义	备注
V1020.0	供料单元在初始状态	
V1020.1	一次推料完成	
V1020.4	全线/单机方式	1 = 全线,0 = 单机
V1020.5	运行信号	
V1020.6	物料不足	
V1020.7	物料没有	

表 2.6.6　加工单元(3♯站)数据位定义

加工单元位地址	数据意义	备注
V1030.0	加工单元在初始状态	
V1030.1	冲压完成信号	
V1030.4	全线/单机方式	1 = 全线,0 = 单机
V1030.5	运行信号	

表 2.6.7　装配单元(4♯站)数据位定义

装配单元位地址	数据意义	备注
V1040.0	装配单元在初始状态	
V1040.1	装配完成信号	
V1040.4	全线/单机方式	1 = 全线,0 = 单机
V1040.6	料仓物料不足	
V1040.7	料仓物料没有	

表 2.6.8　分拣单元(5♯站)数据位定义

分拣单元位地址	数据意义	备注
V1050.0	分拣站在初始状态	
V1050.1	分拣完成信号	
V1050.4	全线/单机方式	1 = 全线,0 = 单机
V1050.5	单机运行信号	

　　根据上述数据,即可编制主站的网络读写程序。但更简便的方法是借助网络读写向导程序。这一向导程序可以快速简单地配置复杂的网络读写指令操作,为所需的功能提供一系列选项。一旦完成,向导将为所选配置生成程序代码,并初始化指定的 PLC 为 PPI 主站模式,同时使能网络读写操作。

要启动网络读写向导程序,在 STEP 7-Micro/WIN V4.0 软件命令菜单中选择"工具→指令导向",并且在指令向导窗口中选择 NETR/NETW(网络读写),单击"下一步"后,就会出现 NETR/NETW 指令向导界面,如图 2.6.18 所示。

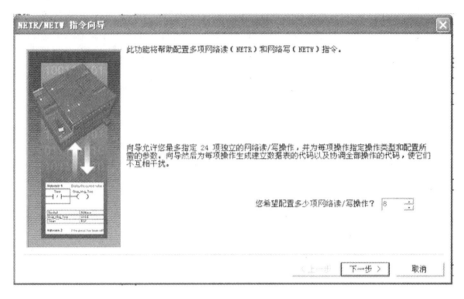

图 2.6.18　网络读写指令向导

本界面和紧接着的下一个界面,将要求用户提供希望配置的网络读写操作总数、指定进行读写操作的通信端口、指定配置完成后生成的子程序名称,完成这些设置后,将进入对具体每一条网络读或写指令的参数进行配置的界面。

在本例子中,8 项网络读写操作如下安排:

第 1~4 项为网络写操作,主站向各从站发送数据,主站读取各从站数据;第 5~8 项为网络写操作,主站读取各从站数据。图 2.6.19 为第 1 项操作配置界面,选择 NETW 操作,

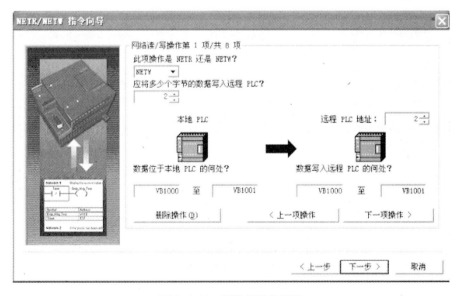

图 2.6.19　网络写操作配置

按上述数据,主站(输送站)向各从站发送的数据都位于主站 PLC 的 VB1000~VB1001 处,所有从站都在其 PLC 的 VB1000~VB1001 处接收数据。所以前 4 项填写都是相同的,仅站号不一样。

完成前 4 项数据填写后,再单击"下一项操作",进入第 5 项配置,5~8 项都是选择网络读操作,按上述各站规划逐项填写数据,直至 8 项操作配置完成。图 2.6.20 是对 2♯站(供料单元)的网络读操作配置。

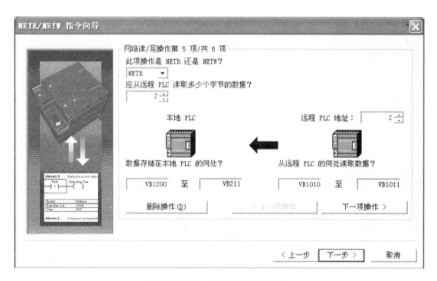

图 2.6.20 网络读操作配置

当 8 项配置完成后,单击"下一步",导向程序将要求指定一个 V 存储区的起始地址,以便将此配置放入 V 存储区。这时若在选择框中填入一个 VB 值(例如,VB100),或单击"建议地址",程序自动建议一个大小合适且未使用的 V 存储区地址范围,如图 2.6.21 所示。

图 2.6.21 分配存储区

单击"下一步",全部配置完成,向导将为所选的配置生成项目组件,如图 2.6.22 所示。

修改或确认图中各栏目后,点击"完成",借助网络读写向导程序配置网络读写操作的工作结束。这时,指令向导界面将消失,程序编辑器窗口将增加 NET_EXE 子程序标记。

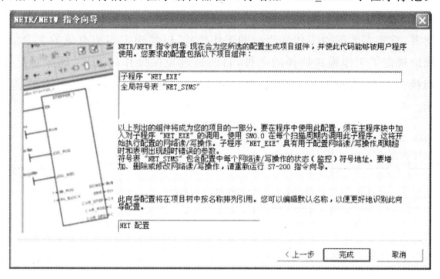

图 2.6.22   生成项目组件

要在程序中使用上面所完成的配置,需要在主程序块中加入对子程序"NET_EXE"的调用。使用 SM0.0 在每个扫描周期内调用此子程序,这将开始执行配置的网络读/写操作。梯形图如图 2.6.23 所示。

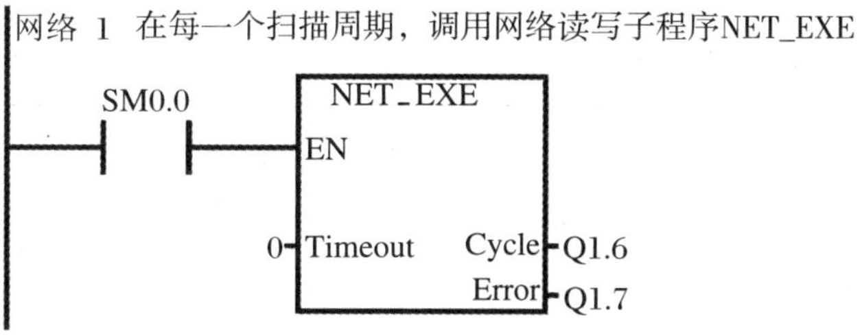

网络 1 在每一个扫描周期,调用网络读写子程序NET_EXE

```
           ┌──────────┐
  SM0.0     │ NET_EXE  │
──┤ ├───────┤EN        │
           │          │
           │          │
        0 ─┤Timeout Cycle├─ Q1.6
           │        Error├─ Q1.7
           └──────────┘
```

图 2.6.23   调用网络读写子程序

由梯形图可见,NET_EXE 有 Timeout、Cycle、Error 等几个参数,它们的含义如下:

Timeout:设定的通信超时时限,1～32767 s,若＝0,则不计时。

Cycle:输出开关量,所有网络读/写操作每完成一次切换状态。

Error:发生错误时报警输出。

本例中 Timeout 设定为 0,Cycle 输出到 Q1.6,故网络通信时,Q1.6 所连接的指示灯将闪烁。Error 输出到 Q1.7,当发生错误时,所连接的指示灯将亮。

6.2.3   从站单元控制程序的编制

YL-335B 各工作站在单站运行时的编程思路,在前面各项目中均做了介绍。在联机运行情况下,由工作任务书规定的各从站工艺过程是基本固定的,原单站程序中工艺控制子程序基本变动不大。在单站程序的基础上修改、编制联机运行程序,实现上并不太困难。下面首先以供料站的联机编程为例说明编程思路。

联机运行情况下的主要变动,一是在运行条件上有所不同,主令信号来自系统通过网络下传的信号;二是各工作站之间通过网络不断交换信号,由此确定各站的程序流向和运行条件。对于前者,首先需要明确工作站当前的工作模式,以此确定当前有效的主令信号。工作任务书明确地规定了工作模式切换的条件,目的是避免误操作的发生,确保系统可靠运行。工作模式切换条件的逻辑判断应在主程序开始时中进行,实现这一功能的梯形图如图2.6.24所示。

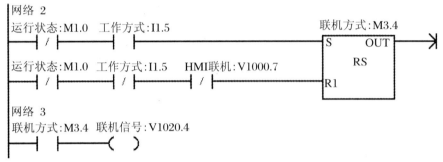

图2.6.24　工作方式选择

根据当前工作模式,确定当前有效的主令信号(启动、停止等)梯形图如图2.6.25所示。

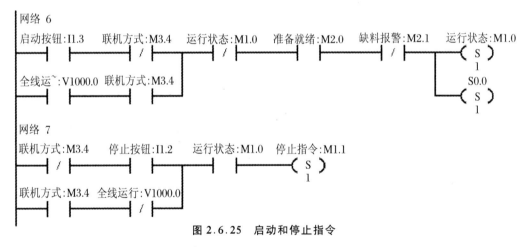

图2.6.25　启动和停止指令

读者可把上述两段梯形图与项目1中的主程序梯形图做比较,不难理解这一编程思路。

在程序中处理工作站之间通过网络交换信息的方法有两种,一是直接使用网络下传来的信号,同时在需要上传信息时立即在程序的相应位置插入上传信息,例如,直接使用系统发来的全线运行指令(V1000.0)作为联机运行的主令信号。而在需要上传信息时,例如,在供料控制子程序最后工步,当一次推料完成、顶料气缸缩回到位时,即向系统发出持续1 s的推料完成信号,然后返回初始步。系统在接收到推料完成信号后,指令输送站机械手前来抓取工件,从而实现了网络信息交换。供料控制子程序最后工步的梯形图如图2.6.26所示。

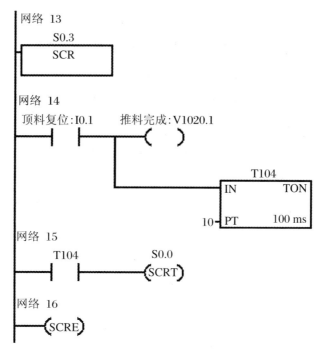

图 2.6.26　推料完成程序

对于网络信息交换量不大的系统,上述方法是可行的。如果网络信息交换量很大,则可采用另一方法,即专门编写一个通信子程序,主程序在每一扫描周期调用之。这种方法使程序更清晰,更具有可移植性。其他从站的编程方法与供料站基本类似,此处不再详述。建议读者对照各工作站单站例程和联机例程,仔细加以比较和分析。

6.2.4　主站单元控制程序的编制

输送站是 YL-335B 系统中最为重要,同时也是承担任务最为繁重的工作单元。主要体现在:① 输送站 PLC 与触摸屏相连接,接收来自触摸屏的主令信号,同时把系统状态信息回馈到触摸屏;② 作为网络的主站,要进行大量的网络信息处理;③ 需完成本单元的且联机方式下的工艺生产任务与单站运行时略有差异。因此,把输送站的单站控制程序修改为联机控制,工作量要大一些。下面着重讨论编程中应予注意的问题和有关编程思路。

1. 内存的配置

为了使程序更为清晰合理,编写程序前应尽可能详细地规划所需要使用的内存。前面已经规划了供网络变量使用的内存,它们从 V1000 单元开始。在借助 NETR/NETW 指令向导生成网络读写子程序时,指定了所需要的 V 存储区的地址范围(VB395～VB481,共占 87 个字节的 V 存储区)。第二,在借助位控向导组态 PTO 时,也要指定所需要的 V 存储区的地址范围。在 YL-335B 出厂例程编制中,指定的输出 Q0.0 的 PTO 包络表在 V 存储区的首址为 VB524,从 VB500 至 VB523 范围内的存储区是空着的,留给位控向导所生成的几个子程序 PTO0_CTR、PTO0_RUN 等使用。

此外,在人机界面组态中,也规划了人机界面与 PLC 的连接变量的设备通道,整理成表格形式,如表 2.6.9 所示。

表 2.6.9　人机界面与 PLC 的连接变量的设备通道

序号	连接变量	通道名称	序号	连接变量	通道名称
1	越程故障_输送	M0.7(只读)	14	单机/全线_供料	V1020.4(只读)
2	运行状态_输送	M1.0(只读)	15	运行状态_供料	V1020.5(只读)
3	单机/全线_输送	M3.4(只读)	16	工件不足_供料	V1020.6(只读)
4	单机/全线_全线	M3.5(只读)	17	工件没有_供料	V1020.7(只读)
5	复位按钮_全线	M6.0(只写)	18	单机/全线_加工	V1030.4(只读)
6	停止按钮_全线	M6.1(只写)	19	运行状态_加工	V1030.5(只读)
7	启动按钮_全线	M6.2(只写)	20	单机/全线_装配	V1040.4(只读)
8	方式切换_全线	M6.3(读写)	21	运行状态_装配	V1040.5(只读)
9	网络正常_全线	M7.0(只读)	22	工件不足_装配	V1040.6(只读)
10	网络故障_全线	M7.1(只读)	23	工件没有_装配	V1040.7(只读)
11	运行状态_全线	V1000.0(只读)	24	单机/全线_分拣	V1050.4(只读)
12	急停状态_输送	V1000.2(只读)	25	运行状态_分拣	V1050.5(只读)
13	输入频率_全线	VW1002(读写)	26	手爪位置_输送	VD2000(只读)

只有在配置了上面所提及的存储器,才能考虑编程中所需用到的其他中间变量。避免非法访问内部存储器是编程中必须注意的问题。

2. 主程序结构

由于输送站承担的任务较多,联机运行时,主程序有较大的变动。

(1)每一扫描周期,除调用 PTO0_CTR 子程序,使能 PTO 外,尚须调用网络读写子程序和通信子程序。

(2)完成系统工作模式的逻辑判断,除了输送站本身要处于联机方式外,必须所有从站都处于联机方式。

(3)在联机方式下,系统复位的主令信号,由 HMI 发出。在初始状态检查中,系统准备就绪的条件,除输送站本身要就绪外,所有从站均应准备就绪。因此,初态检查复位子程序中,除了完成输送站本站初始状态检查和复位操作外,还要通过网络读取各从站准备就绪信息。

(4)总的来说,整体运行过程仍是按初态检查→准备就绪,等待启动→投入运行等几个阶段逐步进行,但阶段的开始或结束的条件则发生变化。

以上是主程序编程思路,下面给出主程序清单,梯形图如图 2.6.27 所示。

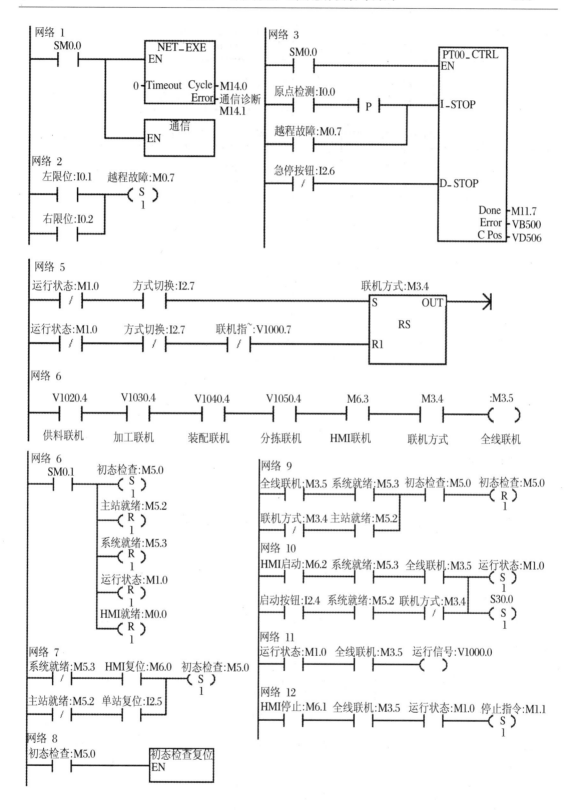

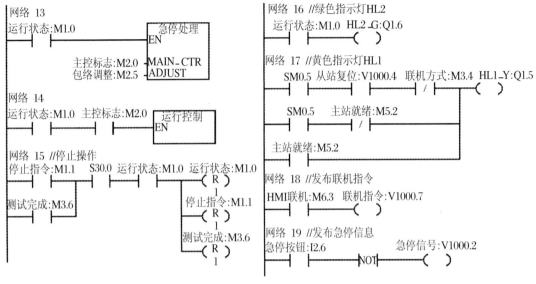

图 2.6.27　输送单元主程序

3."运行控制"子程序的结构

输送站联机的工艺过程与单站过程略有不同,需修改之处并不多。主要有如下 3 点:

(1) 在项目 6 工作任务中,传送功能测试子程序在初始步就开始执行机械手往供料站出料台抓取工件,而在联机方式下,初始步的操作应为:通过网络向供料站请求供料,收到供料站供料完成信号后,如果没有停止指令,则转移下一步即执行抓取工件。

(2) 单站运行时,机械手往加工站加工台放下工件,等待 2 s 取回工件,而在联机方式下,取回工件的条件是收到来自网络的加工完成信号。装配站的情况与此相同。

(3) 单站运行时,测试过程结束即退出运行状态。在联机方式下,一个工作周期完成后,返回初始步,如果没有停止指令就开始下一工作周期。

由此,在项目 6 传送功能测试子程序基础上修改的运行控制子程序流程说明如图 2.6.28 所示。

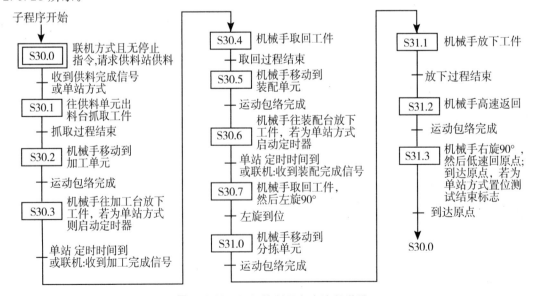

图 2.6.28　运行控制子程序流程说明

4."通信"子程序

(1)"通信"子程序的功能包括从站报警信号处理、转发(从站间、HMI)以及向 HMI 提供输送站机械手当前位置信息。主程序在每一扫描周期都调用这一子程序。

报警信号处理、转发包括如下 3 项内容:

① 供料站工件不足和工件没有的报警信号转发往装配站,为警示灯工作提供信息。

② 处理供料站"工件没有"或装配站"零件没有"的报警信号。

③ 向 HMI 提供网络正常/故障信息。

(2)向 HMI 提供输送站机械手当前位置信息通过调用 PTO0_LDPOS 装载位置子程序实现。

① 在每一扫描周期把由 PTO0_LDPOS 输出参数 C_Pos 报告的,以脉冲数表示的当前位置转换为长度信息(mm),转发给 HMI 的连接变量 VD2000。

② 当机械手运动方向改变时,相应改变高速计数器 HC0 的计数方式(增或减计数)。

③ 每当返回原点信号被确认后,使 PTO0_LDPOS 输出参数 C_Pos 清零。

6.2.5 触摸屏控制的运行调试(手动及自动模式)

对于手动模式请进行前面叙述的单元调试;对于自动模式请参照本节要求进行。总之手动单元是前提,只有手动可行后,再进行自动调试。

参 考 文 献

［1］ 程周.电气控制与 PLC 原理及应用［M］.北京:电子工业出版社,2006.

［2］ 廖常初.PLC 基础及应用［M］.2 版.北京:机械工业出版社,2007.

［3］ 吴明亮,蔡夕忠.可编程控制器实训教程［M］.北京:化学工业出版社,2005.

［4］ 北京昆仑通态自动化软件科技有限公司.MCGS 培训教程［R］.2005.

［5］ 吴作明.工控组态软件与 PLC 应用技术［M］.北京:北京航空航天大学出版社,2007.

［6］ 宋云艳,张鑫.自动生产线安装与调试［M］.北京:电子工业出版社,2012.

［7］ 吕景泉.自动化生产线安装与调试［M］.北京:中国铁道出版社,2009.

［8］ 西门子(中国)有限公司.SIMATIC S7-200 可编程控制器系统手册［R］.2004.